Rとグラフで実感する
生命科学のための
統計入門

著 石井一夫
〔東京農工大学〕

【注意事項】本書の情報について──────────────────────────────────
　本書に記載されている内容は，発行時点における最新の情報に基づき，正確を期するよう，執筆者，監修・編者ならびに出版社はそれぞれ最善の努力を払っております．しかし科学・医学・医療の進歩により，定義や概念，技術の操作方法や診療の方針が変更となり，本書をご使用になる時点においては記載された内容が正確かつ完全ではなくなる場合がございます．
　また，本書に記載されている企業名や商品名，URL等の情報が予告なく変更される場合もございますのでご了承ください．

はしがき

　本書は，医学，薬学，農学など，情報科学や統計科学を専門としない生物系の学科を履修した学生，大学院生で，すぐにデータ分析を行いたい状況にある人に向けて書かれた統計を扱った書籍です．近年，次世代シーケンサーやマイクロアレイなど，あるいは，多くの検査項目を含む臨床検査データなどを集計して，統計解析を行わなければならない機会が増えてきました．このようなビッグデータの時代において，情報科学や統計科学の重要性はますます高まっています．データサイエンスの重要性の高まりとともに，関連の書籍も多く出版されるようになってきました．統計解析ソフトRやプログラミング言語Pythonなどを用いたデータ分析も徐々に普及しています．しかし，関連の書籍は，ややもするとプログラミングや統計解析を前提としていたり，数式や数学用語が多かったり，なかなかとっつきにくいものも多いです．一方で，全くの初心者向けに抽象的でわかったような気にさせるような「なんちゃって統計本」も出回っています．

　生物系の学生・研究者が本当に押さえるべき「統計の基礎」とはどのようなものでしょうか．実際のデータ分析の場面ではすぐにでも結果を出したい，すぐに結果を評価して意思決定を行いたいという需要も少なくありません．そのなかで，実際の統計ツールをどのように使いこなし，どのようにデータ分析の結果を解釈すべきかという視点に立った書籍は多くないように思います．ステューデントのt検定やマン・ホイットニーのU検定にはどのような利点，注意点があり，どのような場合に使うのか．そのような視点から書かれた本はこれからすぐにデータ分析にとりかかりたい人には切実でしょう．

　筆者は毎日のように，次世代シーケンサーやマイクロアレイなどのデータ分析をこなしています．そのなかで，データ分析のノウハウ，コツのようなものがあり，そのような視点に立った書籍が必要ではと考えていました．また，そのためには数式を省いた「なんちゃって統計本」ではなく，理解を助ける最低限の数式などの記述は必要であると考えていました．

　本書は，統計や数学などの前提を必要としない生物系向けと謳いながらも，数式が多めであることも特徴かと思います．数式の細かい記述はともかく，直感的理解に必要な最小限の数式を掲載しました．最低限これだけの内容を踏まえれば，次世代シーケンサーやマイクロアレイなどのデータ分析の世界に入っていける．そのような内容の書籍としました．

実践的に使えることを優先したために，理論的なことを置き去りにしている感は否めませんが，既存の統計学の教科書にあるような数学的な厳密さよりとにかくデータ分析がすぐにできるようになることを優先しています．一方で，入門者向けの「なんちゃって統計本」にあるような，冗長な周りくどい説明も意図的に避け，手を動かして実感できるようなものにすることを心がけました．本書は，その点，他の統計の教科書にあるような記述も省き，使い方やその注意点を優先して記述することに徹しました．その意味では異端の本になっていると思います．

　ビッグデータ時代にあって，生物学は，ケミカルをベースにしたものから数学や情報科学をベースにしたものに大きく変貌しつつあります．今後，数学や情報科学は生物学にとってますます重要なものになっていくでしょう．コーディングとアルゴリズムは生物学にとって不可欠なスキルになると思います．このようななかで，最初の一歩を踏み出すきっかけとして本書を活用していただければと思います．

2017年2月

東京農工大学特任教授
石井一夫

Rとグラフで実感する生命科学のための統計入門

CONTENTS

- はしがき
- Rサンプルコードのダウンロードのご案内 …………………………… 8

第1章 統計学の基礎

- **1.1** 生命科学と統計学 …………………………………………………… 10
- **1.2** 記述統計学と推測統計学 …………………………………………… 13
- **1.3** データの分類と尺度 ………………………………………………… 15

第2章 データの表現方法

- **2.1** データの代表値〜平均値，中央値，最頻値 ……………………… 20
- **2.2** データのばらつき〜分散，標準偏差，クォータイル …………… 23

【グラフによる視覚化】

- **2.3** 棒グラフ ………………………… 26
- **2.4** ヒストグラム …………………… 28
- **2.5** 箱ヒゲ図 ………………………… 30
- **2.6** 円グラフ ………………………… 33
- **2.7** 散布図 …………………………… 35
- **2.8** デンドログラム（樹状図）…… 38
- **2.9** ヒートマップ …………………… 40

- **2.10** 確率変数と確率分布 ……………………………………………… 42

【代表的な離散型確率分布】

- **2.11** 離散型一様分布 ………………… 45
- **2.12** 二項分布 ………………………… 47
- **2.13** ポアソン分布 …………………… 50
- **2.14** 負の二項分布 …………………… 53
- **2.15** ベルヌーイ分布 ………………… 55
- **2.16** 幾何分布 ………………………… 56
- **2.17** 多項分布 ………………………… 59

【代表的な連続型確率分布】
- **2.18** 連続型一様分布 …………… 61
- **2.19** 正規分布 …………… 63
- **2.20** 指数分布 …………… 65
- **2.21** t分布 …………… 67
- **2.22** カイ二乗分布 …………… 70
- **2.23** ガンマ分布 …………… 73
- **2.24** ベータ分布 …………… 75
- **2.25** F分布 …………… 77
- **2.26** ロジスティック分布 …………… 79

- **2.27** 大数の法則 …………… 81
- **2.28** 中心極限定理 …………… 84

第3章 検定と回帰分析

- **3.1** 有意差の検定 …………… 88

【代表的なパラメトリック検定】
- **3.2** t検定 …………… 91
- **3.3** F検定 …………… 95
- **3.4** 分散分析と多重比較検定 …………… 97

【代表的なノンパラメトリック検定】
- **3.5** マン・ホイットニーのU検定 …………… 102
- **3.6** カイ二乗検定とフィッシャーの正確確率検定 …………… 104

【回帰分析】
- **3.7** 単回帰分析 …………… 107
- **3.8** 相関係数(ピアソンの積率相関係数) …………… 110
- **3.9** スピアマンの順位相関係数,ケンドールの順位相関係数 …………… 112
- **3.10** 重回帰分析 …………… 115
- **3.11** ロジスティック回帰分析 …………… 119
- **3.12** コックス比例ハザード回帰分析 …………… 122

第4章 多変量解析

- **4.1** 多変量解析とは …………… 128
- **4.2** 主成分分析 …………… 131
- **4.3** 判別分析 …………… 134
- **4.4** 階層的クラスター分析 …………… 139

第5章 機械学習

- **5.1** 機械学習とは …………………… 144
- **5.2** k-means法 …………………… 148
- **5.3** 自己組織化マップ（SOM）…… 152
- **5.4** サポートベクトルマシン ……… 155
- **5.5** 単純ベイズ分類器 …………… 158
- **5.6** ランダムフォレスト …………… 160

第6章 無作為抽出法と計算機統計学

- **6.1** モンテカルロ法 ……………………………………………… 164
- **6.2** ブートストラップ …………………………………………… 167
- **6.3** マルコフ連鎖モンテカルロ法（MCMC）………………… 170

補遺

【補遺❶ 統計学を理解するための確率論】

- **❶.1** 順列と組合わせ ……………… 176
- **❶.2** 確率と期待値などに関する補足 ………………… 179
- **❶.3** パラメトリックとノンパラメトリック ………… 181
- **❶.4** ベイズ統計 …………………… 183
- **❶.5** 最尤推定法 …………………… 185
- **❶.6** 確率過程 ……………………… 187

【補遺❷ 統計学を理解するための微分積分】

- **❷.1** 関数の極限 …………………… 189
- **❷.2** 微分 …………………………… 191
- **❷.3** 積分 …………………………… 193
- **❷.4** 偏微分〜多変数関数の微分 … 195
- **❷.5** 微分方程式 …………………… 197
- **❷.6** 積率（モーメント）…………… 198

【補遺❸ 統計学を理解するための線形代数】

- 行列とベクトル ………………………………………………………… 200

【補遺❹ 統計学を理解するためのITツール】

- **❹.1** Linux入門 ……………………… 204
- **❹.2** 統計解析ソフト ……………… 205

索引 ……………………………………………………………………… 208

Rサンプルコードのダウンロードのご案内

　統計のフリーソフトRについて，本書中で紹介されているコードを羊土社の特典ページからダウンロードすることができます．実際の解析手順の確認などにご活用ください．

　なお，フリーソフトRに関しては，The Comprehensive R Archive Network（CRAN）（https://cran.r-project.org）から別途ダウンロードし，ご自身のコンピュータへインストールする必要がございます．

※ダウンロード提供するサンプルコードはR-3.3.2で動作することを確認しておりますが，お使いのRのバージョンやコンピュータの機種，OSなどによっては正しく動作しない可能性があります．
※Rの一般的な操作につきましては上記のCRANのWEBページをご覧ください．
※本ダウンロードサービスは，予告なく休止または中止することがございます．本サービスの提供情報は羊土社HPをご参照ください．

第1章

統計学の基礎

　統計学は，データ分析の要になるものです．生物学分野でも大量データを扱う機会が増えている今，必須のツール，武器といえます．本章は，データ分析ツールとして統計学を使いこなし，生物学的データ分析を精力的に実施するために必要な基本的考え方について述べます．統計を使いこなすためには，数学の基礎，特に，確率論，微分積分，線形代数などが必要です．本書では，直接これらの内容を取り扱いませんが（一部最小限度の内容を補遺で補足します），これらの内容を少し理解するだけで，統計の理解は飛躍的に進むことを保証します．本章では，統計学のうち記述統計学，推計統計学の考え方とデータの尺度について述べ，生物学分野においてツールとして統計を使いこなすための基盤を固めることを目的にします．

第1章 統計学の基礎

1.1 生命科学と統計学

生物学的な意義，研究との接点

医・薬・生物学的な情報を扱うのに，統計は必須のツールです．科学的実証にもとづいた医学（evidence based medicine：EBM）が謳われ，ゲノム配列データなど大量のデータを扱うのが日常である今日，その重要性はますます高まっています．

統計の生物学での応用

統計学はデータを扱う学問です．データを収集し，整理し，集計し，これを活用することが目的です．生物学で統計学が使われる例をあげてみます（**図 1.1.1**）．

● **検定**

おそらく，医学，薬学，農学などの生物学分野の研究者が統計を最も意識する場面はステューデント t 検定に代表される検定です（**3.1 参照**）．検定とは自分の立てた仮説の確からしさを評価するため

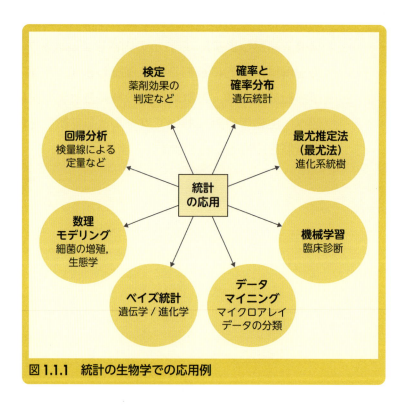

図 1.1.1　統計の生物学での応用例

図 1.1.2　統計学的なデータ解析に必要な数学
どのレベルまで理解し活用したいかにもよりますが，最終的なデータの解釈においてはこれらの基盤がないと議論が困難になることもあります．

の統計学的手法です．

　例えば薬剤の効果判定，導入遺伝子の生物作用の判定，環境の汚染物質の濃度変化など，あらゆる変動や差を客観的に評価し，有意な変動・差であるかを確かめます．有意性を示す指標として，p 値が使用されます．

● 確率と確率分布

　遺伝子型の出現頻度は，確率論的に論じられます．遺伝子型の選択のような二者択一の現象は，コインを投げたときに表が出るか裏が出るかという問題と同じ様式で，二項分布（**2.12** 参照）という確率分布にしたがって伝播することがわかっています．遺伝子の出現頻度は二項定理で計算されます．

● 回帰と数理モデリング

　臨床検査〔例えば，肝機能検査（GOT，GPT，γGTP など）や脂質代謝検査（総コレステロール，LDL コレステロール，HDL コレステロール，中性脂肪）など〕の生化学的定量や，生化学的・分子生物学的実験（タンパク質濃度定量やリアルタイム PCR など）における定量実験においては，標準物質を用いた検量線を作成するために回帰分析が行われます．最小二乗法により係数を計算し回帰式を求め，それにもとづいて水溶液中の物質の定量が行われます（**3.7** 参照）．

　環境生物の個体数変動の推定や，臨床診断の判定基準も数式を用いて表現されます．その様式はいろいろな仮説から予想される確率分布にもとづいて数式化され，その最適な数式を求める行程を数理モデリングとよんでいます．

● 最尤推定法とベイズ推定法

　遺伝子の配列から得られる進化系統樹の推定では，最尤推定法やベイズ推定法が用いられます．両者については**補遺❶**で説明します．

統計的データ解析に必要な数学

　統計学的データ解析に必要な数学には，確率論，微分積分，線形代数があります．例えば，測定値の出現確率や，その確率分布を理解するには確率論の知識が必要です．統計量の確率を求めたり，回帰分析を行って回帰モデルを求めたりなど，あらゆる計算で微分積分が必要になります．多変量データをベクトルや行列計算で処理する際には，線形代数の知識が必要になります（**図 1.1.2**）．

本書で扱う統計の範囲

　統計は単に検定や回帰分析に留まるものではなく生物から得られるあらゆるデータの変動評価，分類，予測に用いられます．生物学関係者を対象とした統計学の書籍では，検定や回帰分析の範囲に限られることが多いのが現状です．しかし，本書では検定や回帰分析に留まらず，データマイニングや機械学習を含むあらゆる統計手法，データ分析手法を網羅します．統計および数理科学の，生物学での重要性を理解していただき，読み終わった後，実際のデータ解析ができる基盤が身に付くようになることを目標にします．

第1章 統計学の基礎

1.2 記述統計学と推測統計学

生物学的な意義，研究との接点

統計学は，その目的や活用方法に応じて記述統計学と推測統計学に分類されます．記述統計学とは分析対象の全数調査を行うものです．一方，推測統計学は分析対象の一部を抜粋して標本調査を行うものです．生物学の分野では，推測統計学がほぼ100％用いられます．

統計の生物学への応用については以下のような例が考えられます．
- 新たに開発された制がん剤の効果を評価するために，がん患者全体から無作為に選び，その効果を治験によって調べる場合
- ある河川の水質汚染の状況を調べるために，一部の水をサンプリングして調査する場合

これらの例からもわかる通り，統計の生物学への応用という立場で記述統計学と推測統計学を考えた場合，生物学の目的から考えて記述統計学が用いられることはほとんどなく，ほぼ100％推測統計学が用いられると考えられます．ただし，記述統計学を理解せずに推測統計学だけ理解するということはありえません．

データの収集

統計学的な分析ではまずデータの収集から開始します．データの収集には，分析対象全部を調査する全数調査と，一部を調査する標本調査に分かれます．標本調査により得られた一つひとつのデータを標本とよび，標本調査によりデータの分析対象全体から一部を取り出す行為を抽出とよびます．また，データの分析対象のことを集団とよびます．特に標本調査において，調査したいデータの分析対象全体を母集団とよびます．

記述統計学

記述統計学は，データの分析対象全体を調査することにより，その集団の状態を数量的に記述します（**図1.2.1**）．集団を特徴づける各種の数値（平均，標準偏差，メディアン，モード，相関係数などでしばしば統計量とよばれます）を算出し，それにより観察された集団の性質を記述します．

推測統計学

推測統計学は，データの分析対象全体から一部のデータを標本（部分集団）として無作為に抽出して調査することにより，その分析対象全体の状態を数量的に推測します（**図1.2.2**）．推計統計学，推計学とよばれることもあります．この場合，もとの母集団を特徴づける各種の統計量（平均，標準偏差，

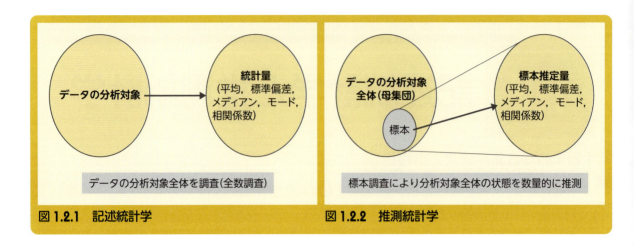

図 1.2.1　記述統計学　　　　　　　　　図 1.2.2　推測統計学

メディアン，モード，相関係数など）について，分析対象全体を調査して正確に知ることは困難であるということが前提となっています．確率論的な考え方にもとづいてこれらの統計量を推定します．冒頭の例でいえば，新たに開発された制がん剤の効果を評価するために地球上の全がん患者に治験を行うことは現実的に無理です．そのため，一部のがん患者に治験を行ってその効果を推定するのです．

1.3 データの分類と尺度

生物学的な意義，研究との接点

基礎研究においても臨床研究においても得られたデータを分析する場合，どのような統計手法を用いたらいいか判断に迷うことがあります．それを判断する指標がデータの分類と尺度です．

データは，大きく定性的データ（質的データ）と定量的データ（量的データ）に分けられ，それがさらに4つの尺度水準に分けられます．また，他にも連続型データと離散型データという分類があります．データの分類と尺度によって使用する統計手法や統計分布が異なり，統計を使いこなすためには，データの分類と尺度を意識することが鍵になります．

データの尺度

統計学で扱うデータには，定性的データ（質的データ）と定量的データ（量的データ）という分類があります．また，それらは通常4つの尺度水準，すなわち名義尺度データ，順序尺度データ，間隔尺度データ，比率尺度データに分類されます（図1.3.1）．

定性的データ（質的データ）

定性的データとは，分類や区別をするためだけのデータで，四則演算ができないものです．

● 名義尺度データ

定性的データを分類するために整理番号として数値などを割りあてたもの．カテゴリカルデータとよぶこともあります．具体例としては，遺伝子型，血液型，性別などがあげられます．

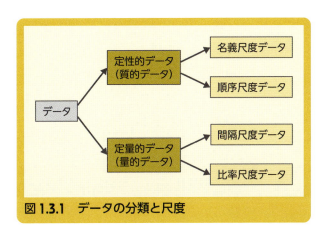

図 1.3.1　データの分類と尺度

表1.3.1　データの尺度と情報量

	名義的な意味がある	順序に意味がある	差に意味がある	比に意味がある	例
名義尺度データ	○				SNPを含む遺伝子型情報など
順序尺度データ	○	○			遺伝子発現の順位など
間隔尺度データ	○	○	○		染色体上の遺伝子の位置情報など
比率尺度データ	○	○	○	○	遺伝子発現量など

- **順序尺度データ**

　定性的データで，順位で表現したもの．その間隔は意味をなしません．具体例としては，マイクロアレイでの遺伝子発現変動の順位などがあげられます．

定量的データ（量的データ）

　定量的データとは，定性的データとは異なり，数値に意味のあるもので，おおまかにいえば計算ができるもののことです．

- **間隔尺度データ**

　定量的データのうち各値の差に意味があり，比をとることに意味がないものです．厳密な意味での量的なゼロの値が存在しません．具体例としては，染色体上の遺伝子の位置情報，ある生態環境のフィールドでの位置情報などがあげられます．

- **比率尺度データ**

　定量データのうち各値の差に意味があり，比をとることに意味があるものです．和差積商の計算が自由にできます．具体例としては，身長，体重，遺伝子発現量などがあげられます．

　データの情報量は，「比率尺度 > 間隔尺度 > 順序尺度 > 名義尺度」の順に多くなります（**表1.3.1**）．

連続型データと離散型データ

　他の重要なデータの分類方法に連続型データと離散型データがあります．名義尺度データと順序尺度データのほとんどが離散型データで，間隔尺度データと比率尺度データは通常連続型データとなります．離散型データはいわゆるデジタルデータで，遺伝子の頻度や次世代シーケンサーのリードカウントデータが該当します．連続型データはいわゆるアナログデータで実数値をとり，吸光度や蛍光強度，定量PCRなどの定量結果が該当します．

第1章 参考文献〜統計学の入門書

　本書は，生物学を専門とする方に直感的にわかることを重視して，詳細な説明などを省いています．したがって，深い理解のために本書を出発点として，いろいろな書籍を当たることをお勧めします．以下には，特に生物を専門とする方に向けて統計学の入門として最初のとっかかりになるような書籍をピックアップしました．

1) 「入門 統計学 検定から多変量解析・実験計画法まで」（栗原伸一/著），オーム社，2011
2) 「完全独習 統計学入門」（小島寛之/著），ダイヤモンド社，2006
3) 「はじめての統計学」（鳥居泰彦/著），日本経済新聞社，1994
4) 「基礎統計学1 統計学入門」（東京大学教養学部統計学教室/編），東京大学出版会，1991
5) 「基礎統計学3 自然科学の統計学」（東京大学教養学部統計学教室/編），東京大学出版会，1992
6) 「まずはこの一冊から 意味がわかる統計学（BERET SCIENCE）」（石井俊全/著），ベレ出版，2012
7) 「統計学が最強の学問である データ社会を生き抜くための武器と教養」（西内 啓/著），ダイヤモンド社，2013
8) 「はじめての統計データ分析 ベイズ的〈ポストp値時代〉の統計学」（豊田秀樹/著），朝倉書店，2016

第2章

データの表現方法

　本章は，データを扱ううえでの統計の基本事項である統計量（平均値，中央値など）やデータの視覚化，および確率分布について，統計学の基盤全体を統計ソフトRの簡単な事例を用いながら説明します．

　最初にデータの代表値とばらつきについて述べ，次に，棒グラフ，ヒストグラム，箱ヒゲ図，散布図，デンドログラム，ヒートマップなど各種のグラフ作成法，視覚化法について説明します．データの代表値（平均値，中央値など）とばらつきはデータを数値的に把握するのに重要で，グラフ化によりデータの全体像を視覚的に捉えることが可能になり，生物学的データの把握には最も基本的な事項といえます．

　その後，確率分布についてまとめます．データには離散型データと，連続型データがありますが，これらのデータはデータの特性により，一様分布，二項分布，ポアソン分布，負の二項分布，正規分布，指数分布，t分布，カイ二乗分布，ガンマ分布，ベータ分布，F分布などが知られています．これらの確率分布は，第3章の検定と回帰の考え方を理解する基礎になります．本章は，各確率分布の生物学的な応用というよりも，確率分布の概要を把握し，検定と回帰を理解するための基礎として位置づけて説明します．したがって，確率分布の数学的な詳細や，生物学的な応用には踏み込みません．最後に，正規分布にしたがうデータを扱うための理論的基礎となる大数の法則，中心極限定理について述べ，第3章の検定と回帰の生物への応用展開の基礎固めを進めていただきます．

第2章 データの表現方法

2.1 データの代表値
~平均値，中央値，最頻値

生物学的な意義，研究との接点

　生化学実験や臨床検査などあらゆる標本調査で得られたデータの代表値として，通常平均値が用いられます．しかし，マイクロアレイや次世代シーケンサーなどの一部のデータは，明らかに正規分布をしないこと，はずれ値の出現頻度が多いことなどから，中央値（メディアン）が代表値として用いられることも多くなっています．また，最頻値はデータに最も多く出現する値のことをいいます．

　平均には，いわゆる相加平均のほかに，相乗平均や調和平均なども存在し，通常はあまり意識されませんが，厳密には調査対象により適切に使い分ける必要があります．

相加平均（算術平均）

　最も一般的に使われる平均値は相加平均（算術平均）で，単に平均といえばこの値です．通常の測定値データの平均を出す場合で，身長，体重，血圧，血糖値などに用います．データ値の総和を標本数で割った値で，一般式は以下のように表記します．μ は平均値を意味し，$x_1, x_2, \cdots, x_n$ は，n 個の標本の各データ値です．Microsoft 社の Excel を用いる場合は**図 2.1.1** のように，統計のフリーソフト R を用いる場合には**図 2.1.2** のように入力して計算します．

$$\mu = \frac{1}{n}\sum_{i=1}^{n} x_i = \frac{x_1 + x_2 + \cdots + x_n}{n}$$

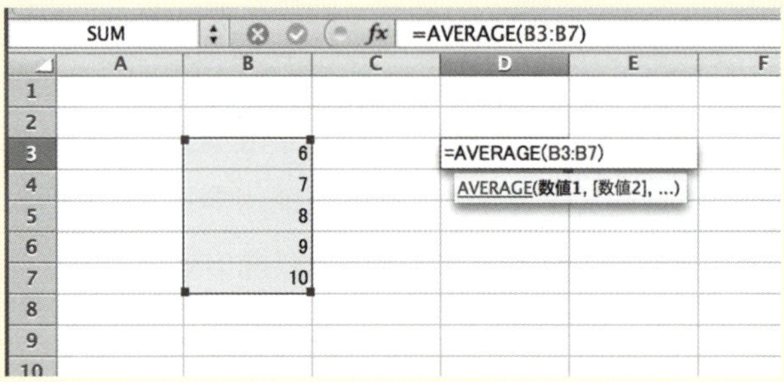

図 2.1.1　Excel による代表値の計算例

平均値：AVERAGE 関数を用います．〔＝AVERAGE（データの範囲）〕のように入力します．
中央値：MEDIAN 関数を用います．〔＝MEDIAN（データの範囲）〕のように入力します．
最頻値：MODE 関数を用います．〔＝MODE（データの範囲）〕のように入力します．

```
◆ 平均値の計算例
> x <- c(9, 7, 10, 8, 6)    } このように入力します.
> mean(x)
[1] 8    ←──────── 計算結果

◆ 中央値の計算例
> x <- c(5, 3, 2, 8, 6)    } このように入力します.
> median(x)
[1] 5    ←──────── 計算結果

◆ 最頻値の計算例
> x <- c(3, 4, 4, 2, 1, 2, 5, 3, 2, 3, 1, 3, 4, 5) }
> x                                                  このように
[1] 3 4 4 2 1 2 5 3 2 3 1 3 4 5                     入力します.
> table(x) ←
x
1 2 3 4 5    ←──────── 各データ値
2 3 4 3 2    ←──────── データ値の出現回数
```

図 2.1.2　R による代表値の計算例

相乗平均(幾何平均)

発現定量解析の発現変動比を比較する場合は，算術平均を用いるより相乗平均(幾何平均)を用いたほうが，実際の実感の変動比に近いので使用を考慮するべきです．具体的には細菌の増加率，遺伝子の発現量など指数関数的に変動したり，対数変換すると直線的に変化する量の平均を出す場合に用います．幾何平均 μ_G は以下の式で表します．n 個のデータ $x_1, x_2, \cdots, x_n$ が存在する場合，μ_G は n 個のデータ値の積の n 乗根となります．

$$\mu_G = \sqrt[n]{\prod_{i=1}^{n} x_i} = \sqrt[n]{x_1 x_2 \cdots x_n}$$

調和平均

複数の物体の移動速度の平均は，相加平均ではなく調和平均を用います．具体的には酵素の反応速度など比率をとって表現される量の平均を出す場合に用います．調和平均は以下に示すように「逆数の平均の逆数」です．電気回路の合成抵抗，合成容量などの平均値にも調和平均を用います．調和平均 μ_H は以下のような式で表します．$x_1, x_2, \cdots, x_n$ は，n 個の標本の各データ値です．

$$\mu_H = \frac{n}{\sum_{i=1}^{n} \frac{1}{x_i}} = \frac{n}{\frac{1}{x_1} + \frac{1}{x_2} + \cdots + \frac{1}{x_n}}$$

トリム平均

算術平均で一定の割合の上限/下限のデータを除いて算術平均を求めるトリム平均(調整平均，刈り

込み平均）という方法があります．はずれ値（**2.5** 参照）の影響を除いて平均値を出したいときには有効です．

中央値（メディアン）

データを大きい順に並べた値の真ん中の値を中央値といいます．データが偶数個ある場合は，中央の 2 個の平均をとります．正規分布が仮定されない集団の代表値として用い生物学ではマイクロアレイの発現量の代表値として，平均値の代わりに用いられることがあります．いわゆるノンパラメトリックな検定（**3.1** 参照）での代表値として用いられます．

つまり，正規分布が想定される分布では平均値を代表値とし，正規分布が想定されない分布では中央値を代表値とします．

平均値ははずれ値の影響を受けやすいですが，中央値は影響を受けにくいという特徴があります．はずれ値の影響を受けにくいという性質を「頑健性がある」といいます．

最頻値（モード）

最頻値はデータのなかで最も出現頻度の高い値です．データが正規分布をしないときの代表値として平均値の代わりに用いられ，やはりマイクロアレイや次世代シーケンサーの発現量の代表値として用いられることがあります．

第2章 データの表現方法

2.2 データのばらつき ～分散, 標準偏差, クォータイル

生物学的な意義, 研究との接点

生物学実験で, 計測したデータのばらつきを把握するために分散, 標準偏差を用います. また, ノンパラメトリック統計を扱う場合のデータのばらつきを把握するためには, クォータイル（四分位数, 四分位点, 四分位値）が用いられます. データのばらつきを把握するための主な統計量を以下に紹介します.

分散

分散とは標本のばらつきを表す指標で, データの各値と平均との差の二乗の総和を標本数で割ったものです（実際には自由度で割ります）. $x_1, x_2, x_3, x_4, \cdots, x_n$ の測定値があり, その平均値（標本の算術

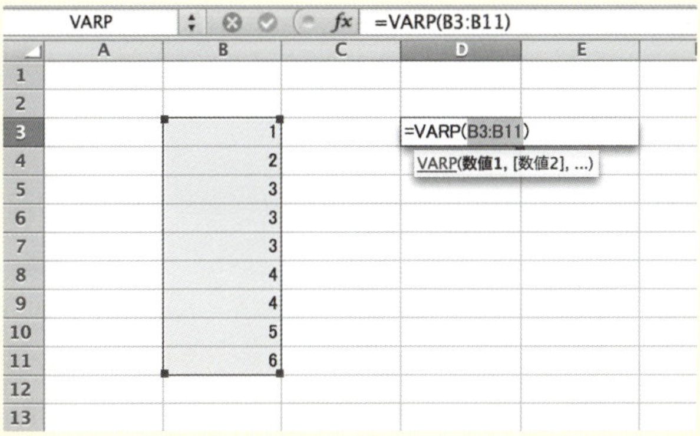

図 2.2.1 Excel による分散などの計算例

分散：VARP 関数を用います.〔=VARP (データの範囲)〕のように入力します. 不偏分散は VAR 関数を用います.
標準偏差：STDEVP 関数を用います.〔=STDEVP (データの範囲)〕のように入力します. 不偏標準偏差は STDEV 関数を用います.
クォータイル：QUARTILE 関数を用います.〔=QUARTILE (データの範囲, 第何クォータイルか)〕のように入力します.
最大値：MAX 関数を用います.〔=MAX (データの範囲)〕のように入力します.
最小値：MIN 関数を用います.〔=MIN (データの範囲)〕のように入力します.

```
◆ 不偏分散の計算例
> x <-c(7, 6, 8, 10, 9)    ┐ このように
> var(x)                    ┘ 入力します．
[1] 2.5    ←──── 計算結果

◆ 不偏標準偏差の計算例
> x <-c(10, 7, 6, 8, 9)    ┐ このように
> sd(x)                     ┘ 入力します．
[1] 1.581139    ←──── 計算結果

◆ クォータイルの計算例
> x <-c(8, 6, 9, 10, 7)    ┐ このように
> quantile(x)               ┘ 入力します．
  0%  25%  50%  75% 100%   ┐
   6    7    8    9   10   ┘ 計算結果

◆ 最大値の計算例
> x <-c(8, 10, 7, 9, 6)
> max(x)
[1] 10

◆ 最小値の計算例
> x <-c(9, 8, 7, 6, 10)
> min(x)
[1] 6
```

図 2.2.2　R による分散などの計算例

平均，標本平均）が $\bar{x}$ であった場合，$(\bar{x}-x_1)^2, (\bar{x}-x_2)^2, (\bar{x}-x_3)^2, (\bar{x}-x_4)^2, \cdots, (\bar{x}-x_n)^2$ の値の総和を求め，標本数 n で割って求めた分散 s^2 は，以下のような式で表現されます．Excel を用いる場合は**図 2.2.1**のように，統計のフリーソフト R を用いる場合には**図 2.2.2** のように入力して計算します．

$$s^2 = \frac{1}{n}\sum_{i=1}^{n}(\bar{x}-x_i)^2$$

特に，標本抽出で得られた観測値データを用いて計算した分散の値を<u>標本分散</u>とよびます．

● 不偏分散

一方，標本抽出で得られた観測値データを用いて母集団の分散である<u>母分散</u>を推定した値（推定量）を<u>不偏分散</u>といいます．このように，標本抽出で得られた観測値データを用いて推定した母集団の統計量（母数またはパラメータとよびます）を<u>不偏推定量</u>とよびます．不偏分散は以下の式で表現されます．μ_n は観測値データから得られた母集団の平均値の推定値で，標本平均と等しい値です．

$$\sigma_n^2 = \frac{1}{n-1}\sum_{i=1}^{n}(x_i-\mu_n)^2$$

● 不偏分散で自由度 $n-1$ を用いる理由について

分散は標本数 n で割っているのに対し，不偏分散の場合，標本数 n から 1 を引いた値で割っていることに注意してください．この $n-1$ は<u>自由度</u>とよばれ，（標本数 − 推定したパラメータ数）で表されます．右辺の式は，すでに推定したパラメータ μ_n が含まれているため，その数を引いてこれを母分散の推定値である不偏分散を求めています．

標準偏差

分散（標本分散），不偏分散の平方根を求め，平均値などの統計量と同じ次元に合わせた値をそれぞれ<u>標準偏差（標本標準偏差）</u>，<u>不偏標準偏差</u>とよびます．以下の式で表現されます．

● 標準偏差

$$s = \sqrt{\frac{1}{n}\sum_{i=1}^{n}(x_i-\bar{x})^2}$$

● 不偏標準偏差

$$\sigma = \sqrt{\frac{1}{n-1}\sum_{i=1}^{n}(x_i-\bar{x})^2}$$

クォータイル（四分位数，四分位点，四分位値）

データ全体を順に並べ，q個に分割した場合の，小さい方から順に第$1q$分位数，第$2q$分位数，第$3q$分位数，…などとよびます．特に，四分位数，100分位数は，以下のように定義されます．

- **クォータイル**
  - 第1クォータイル（第1四分位数）：最も下位の値から25%の位置の値（25パーセンタイル）
  - 第2クォータイル（第2四分位数）：中央値（**2.1** 参照）
  - 第3クォータイル（第3四分位数）：最も下位の値から75%の位置の値（75パーセンタイル）

  クォータイルは，パラメトリック統計での標本のばらつきを評価するための指標となる数値です．

- **パーセンタイル**
  - 100分位数はパーセンタイルとよびます．

最大値

標本のなかで最大の数値をもつデータのことです．

最小値

標本のなかで最小の数値をもつデータのことです．

第2章 データの表現方法　グラフによる視覚化

2.3 棒グラフ

生物学的な意義，研究との接点

計測したデータの数量の大小を棒線の長さで表したグラフです．小学生のころから触れている方が大半と思います．今さら説明の必要はないかもしれませんが，医・薬・生物学においても多くの場面で利用されます．

棒グラフは長方形の棒の長さで何らかの量を表現するグラフで，2つ以上の値を視覚的に比較するために用います．棒グラフは，**2.4** に示すヒストグラム（度数分布図）と見かけは非常に似ていますが，ヒストグラムは主にデータの頻度分布をみるもので棒グラフとは全く目的が異なります．

Rの実施例

統計ソフトRにデフォルトで含まれているインドメタシン投与後のインドメタシンの血中濃度のデータ Indometh を用いた，表示例を以下に示します．インドメタシン投与15分後の6人の患者の血中濃度は，以下のようになっています．

```
> data(Indometh)                                                    このように
> subset(Indometh,time=="0.25",c("Subject","conc"))                 入力します．

   Subject    conc
1       1    1.50
12      2    2.03
23      3    2.72       このように出力されます．
34      4    1.85
45      5    2.05
56      6    2.31
患者ID    番号   血中濃度
```

Subject が患者ID，conc が血中濃度（μg/mL）です．Rの場合，棒グラフを描くための関数は **barplot()** です．**barplot()** を用いてグラフを描くと，**図2.3.1** のようになります．

```
> barplot(t(as.matrix(subset(Indometh,time=="0.25",c("conc")))))
```

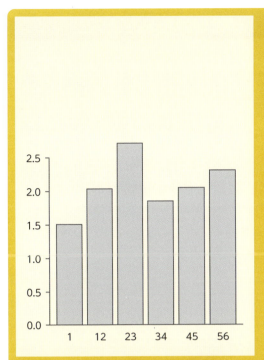

図 2.3.1　Rを用いた棒グラフの描画例
インドメタシン投与15分後の6人の患者の血中濃度を比較しました．Rでは棒グラフは関数 **barplot()** を用いて描きます．縦軸は血中インドメタシン濃度（μg/mL），横軸は患者ID.

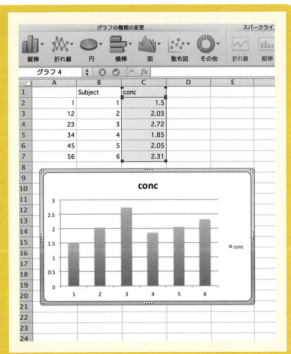

図 2.3.2　Excelを用いた棒グラフの描画例
図 2.3.1 と同じ棒グラフをExcelで描画しています．グラフを描きたいデータを選択して，左上の「縦棒」のメニューをクリックし，指示される内容にしたがって選択肢をクリックしていきます．

図 2.3.1 のように，6名の患者の個々のインドメタシン投与後の濃度を視覚化して比較できます．

Excelの実施例

Excelの場合，図 2.3.2 のように，グラフを描きたいデータの入っているセルを選択して，左上の「縦棒」のメニューをクリックし，指示される内容にしたがって選択肢をクリックすることにより描けます．

第2章 データの表現方法 グラフによる視覚化

2.4 ヒストグラム

生物学的な意義，研究との接点

度数分布図ともよばれます．生物学データにおいて，データの分布状況を視覚化するために用いられます．例えば，次世代シーケンサーの配列リードの分布状況の確認など，データの品質チェックに汎用されます．ヒストグラムを描くことによって，データの分布にピークが2つあるなど，データの特徴をつかむことができます．

ヒストグラムは，縦軸に度数，横軸に階級をとった統計グラフの一種で，データの分布状況を視覚的に確認するために用いられます．度数分布図ともよばれます．

Rの実施例

統計ソフトRにデフォルトで含まれているアヤメの形状データirisを用いて説明します．ここではRによる実施例のみ示し，Excelを用いたヒストグラムは少し複雑になりますので省略します．

このデータのうち，萼（がく）片の長さSepal.Lengthと花弁の幅Petal.Widthの分布状況をヒストグラムで描画した結果を以下に示します．Rの場合，関数hist()を用いてヒストグラムを描画します．

```
> data(iris)
> hist(iris$Sepal.Length)
> hist(iris$Petal.Width)
```
このように入力します．

図2.4.1Aが萼片の長さの，図2.4.1Bが花弁の幅のヒストグラムです．縦軸は頻度で，横軸は長さ（cm）の単位で描画されています．階級幅（ビンといいます）によって，度数分布の解像度が変わってくることが知られており，例えば，この例で階級数を40区画，階級幅を0.1に細かくすると図2.4.2のようにみえます．

```
> hist(iris$Sepal.Length,breaks=40)
> hist(iris$Petal.Width,breaks=40)
```
このように入力します．

ビンの幅を小さく取ることにより，萼片の長さと花弁の幅の両者とも2つのピークをもつ分布をしていることがはっきりします．このビン幅は，いろいろな取り方が経験的に多くの研究者により提案されています．Rでは，Sturges, Scott, FD (Freedman–Diacoins) の3つの方式のなかから選択で

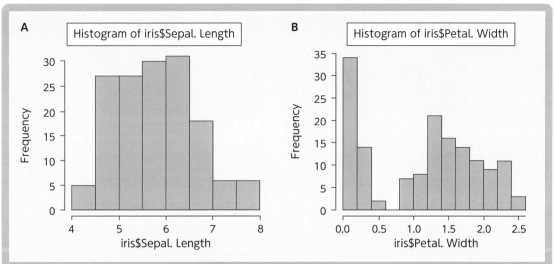

図 2.4.1　R を用いたヒストグラムの描画例（ビン幅大きめ）
アヤメの萼片の長さ（**A**）と花弁の幅（**B**）の分布をヒストグラムで視覚化しています．ビン幅は，Sturges の公式（デフォルト）にしたがいました．R では棒グラフは関数 **hist()** を用いて描きます．縦軸は頻度で，横軸の単位は cm です．

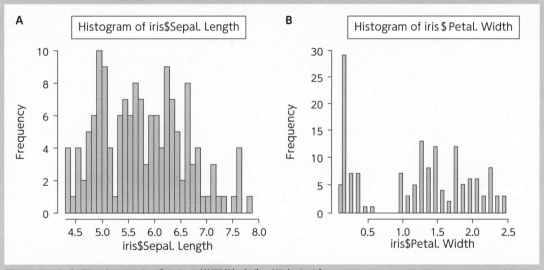

図 2.4.2　R を用いたヒストグラムの描画例（ビン幅小さめ）
アヤメの萼片の長さ（**A**）と花弁の幅（**B**）の分布をヒストグラムで視覚化しています．ビンの数を 40 に設定しました．このため図 **2.4.1** より細かい分布状況を確認できます．R では棒グラフは関数 **hist()** を用いて描きます．縦軸は頻度で，横軸の単位は cm です．

きるようになっています．端的にいえば，Sturges が大まかな幅で，Scott，FD（Freedman-Diacoins）は細かく分割された幅でみられるようになっています．図 **2.4.1** のようにデフォルトは Sturges の公式を用いています．

第 2 章 データの表現方法　グラフによる視覚化

2.5 箱ヒゲ図

生物学的な意義，研究との接点

ばらつきのある生物学的な観測値をわかりやすく表現するための統計学的グラフです．箱ヒゲ図は，標本のばらつきを容易に外観することができますので品質管理の分野でさかんに用いられます．生物学分野では，マイクロアレイや，次世代シーケンサーの品質評価で頻用されます．

箱ヒゲ図は，一般には，重要な5種の統計量である最小値，第1四分位数，中央値，第3四分位数と最大値（**2.1** と **2.2** 参照）を用いて表現します．例えば，統計ソフト R の場合には，箱ヒゲ図の中央の太線はデータの中央値（メディアン）を示します（**図 2.5.1**）．箱の最上端は第3四分位数，箱の最下端は第1四分位数を表します．また，上側のヒゲおよび下側のヒゲはデフォルトの設定では，それぞれ，第3四分位数＋1.5×（第3四分位数－第1四分位数）および第1四分位数－1.5×（第3四分位数－第1四分位数）を表しています（「第3四分位数－第1四分位数」は箱の長さに相当します）．

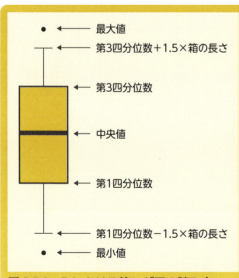

図 **2.5.1** R における箱ヒゲ図の読み方

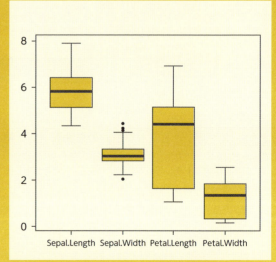

図 **2.5.2** R を用いた箱ヒゲ図の描画例
アヤメの萼（がく）片の長さ（Sepal.Length）と幅（Sepal.Width），花弁の長さ（Petal.Length）と幅（Petal.Width）のばらつきを描画した箱ヒゲ図．R では箱ヒゲ図は関数 **boxplot()** を用いて描きました．縦軸の単位は cm です．

ヒゲの外側にプロットされる点は，はずれ値とみなされます．

Rの実施例

統計ソフトRにデフォルトで含まれているアヤメの形状データirisを使用します．Excelでは箱ヒゲ図はデフォルトで書けず，アドオンソフトが必要になりますのでここでは省略します．

アヤメの萼（がく）片の長さSepal.Lengthと幅Sepal.Width，花弁の長さPetal.Lengthと幅Petal.Widthのばらつきを箱ヒゲ図で描画した結果を**図2.5.2**に示します．Rの場合，関数**boxplot()**を用いて箱ヒゲ図を描画します．

```
> data(iris)
> boxplot(iris[,1:4])
```
このように入力します．

萼片の幅はばらつきが少なく，花弁の長さはばらつきが大きく，その分布が大きい方に偏っていることが見てとれます．

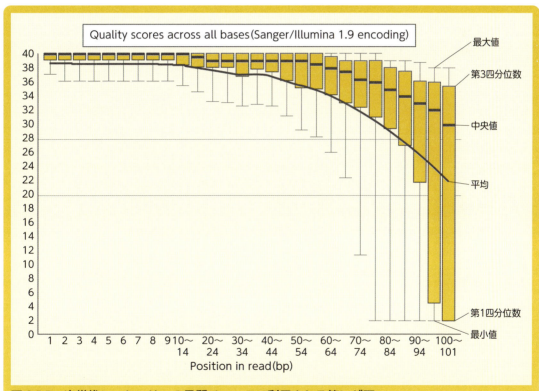

図2.5.3 次世代シーケンサーの品質チェックで利用される箱ヒゲ図
上記の図は，次世代シーケンサーデータのFastQC（クオリティチェックソフト）の出力結果のうち，Per Base Sequence Qualityをトレースしたものです．横軸の1，2，3，4，5，6，7，8，9，10～14，20～24…は，それぞれ1塩基目，2塩基目，3塩基目，4塩基目，5塩基目，6塩基目，7塩基目，8塩基目，9塩基目，10～14塩基目，20～24塩基目…を示し，縦軸はクオリティスコアの結果を示しています．クオリティスコアは0から40まで変化します．ここで用いられているクオリティスコアはPhredクオリティスコアとよばれるもので自動DNAシーケンシング用のプログラムPhredに用いられているベースコールのスコアです．Sanger/Illumina 1.9 encodingはシーケンスのクオリティスコアをコード化する様式を意味します．

生物学での応用

　例えば，次世代シーケンサーのリードの品質チェック用ソフトであるFastQCでも，各シーケンスランのサイクルごとの品質チェックに利用されています（**図2.5.3**）．他の多くの品質チェック用ソフトでも同様の確認がなされます．

第2章 データの表現方法 グラフによる視覚化

2.6 円グラフ

生物学的な意義，研究との接点

円グラフ（別名パイチャート）は，丸い図形を扇形に分割し，調査対象の構成比率を表したグラフです．円グラフの場合，扇形の円弧の長さ（または中心角と面積）は，構成要素の構成比と比例します．

円グラフは，標本の構成比比率を容易に外観することができますので，生物学的な特性を分類するあらゆる分野で用いられます．例えば生物種の構成比やGO解析（Gene Ontology解析）のGO分類の構成比を表示する際などによく用いられます．

円グラフは，丸い円を扇形に分割して対象物の構成比率を表現したグラフです．円グラフの扇形の円弧の長さ（あるいは中心角と面積）はその扇形で表される量（構成比率）に比例します．パイチャートともよばれます．構成比率をみるのに直観的に理解しやすい反面，みる人を誤らせやすいことから使用には注意が必要です．

Rの実施例

統計ソフトRにデフォルトで含まれている統計の講義を受講している学生の髪と瞳の色のデータ HairEyeColor を用いて，円グラフを描画してみます．HairEyeColor データは，以下のような変数とその水準からなる592名分のデータです．

No	変数名	水準
1	髪	黒，褐色，赤，金髪
2	瞳	褐色，青，ハシバミ色，緑
3	性別	男，女

このうち褐色の髪をした女性の目の色の分布は以下のような関数を用いて抽出できます．Rで円グラフを描くための関数は，**pie()** です．

```
> data(HairEyeColor)
> pie(HairEyeColor[1,,2])
```

図 **2.6.1** のとおり，褐色の髪をした女性のほとんどが褐色の目をしており，次に，青い目の色をした女性が多いことが視覚的に理解できます．

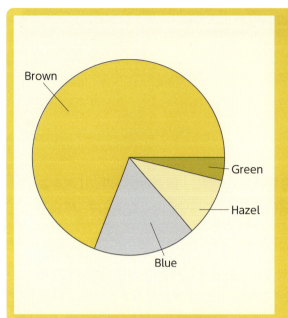

図 2.6.1　R を用いた円グラフの描画例
褐色の髪をした女性の目の色の分布を示した円グラフです．褐色の髪の女性の多くが褐色の目をしていることが視覚化されています．R では円グラフは関数 **pie()** を用いて描きます．Brown が褐色，Blue が青，Hazel がハシバミ色，Green が緑を表します．

図 2.6.2　Excel を用いた円グラフの描画例
褐色の髪をした女性の目の色の分布を示した円グラフです．Excel でも同様に，褐色の髪の女性の多くが褐色の目をしていることが視覚化されています．Brown が褐色，Blue が青，Hazel がハシバミ色，Green が緑を表します．

Excel の実施例

　Excel の場合，**図 2.6.2** のように，グラフを描きたいデータの入っているセルを選択して，ウインドウ上部の「グラフ」メニューのなかの「円」をクリックし，指示する内容にしたがって選択肢をクリックすることにより描けます．

第2章 データの表現方法 | グラフによる視覚化

2.7 散布図

生物学的な意義, 研究との接点

散布図は, 2つの関連する生物学的な観測データについてその量や大きさなどを対応させ, 縦軸と横軸の直交座標で表記されるグラフにデータを点でプロットしたものです. データの分布の傾向や, 相関関係をみるために用いられます. 例えば, 身長と体重, 花弁の長さと幅, 血圧と寿命など, さまざまな応用例があります.

散布図では, 横軸に説明変数（独立変数）を, 縦軸に従属変数（目的変数）をプロットします. 関数 $y = f(x)$ の式において x を独立変数, y を従属変数とよびます. 独立変数は, あるシステムに対する入力 (input), 従属変数とはシステムからの出力 (output) と捉えることもできます. また独立変数を原因, 従属変数を結果のようにみなすこともあります. あるいは, 生体をシステムとみなし, 独立変数を刺激と捉え, 従属変数を反応と捉える見方もよくされます. 散布図は, 回帰分析や2変数の数式モデルを求める数理モデル化などにも用いられます（**第3章**参照）.

Rの実施例

● 女性の身長と体重

統計ソフト R にデフォルトで含まれているデータセット women を用いて説明します. データセットの女性の身長 height と体重 weight の関係を散布図にプロットすると**図 2.7.1** のようになります.

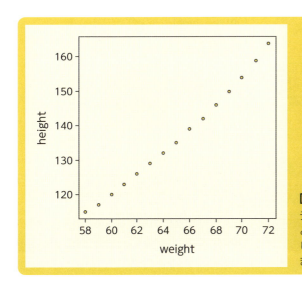

図 2.7.1　R を用いた 2 変数間の散布図の例
データセット women を用いて女性の身長 (height) と体重 (weight) の関係を散布図にプロットしました. 散布図のプロットは関数 **plot()** を用いて描きます. 横軸は体重 (kg), 縦軸は身長 (cm) です.

Rでは散布図のプロットは関数**plot()**を用いて行います．

```
> data(women)
> plot(women)
```

散布図により女性の身長と体重が正に相関（**3.8** 参照）していることがみてとれます．

● **アヤメの萼片と花弁**

アヤメの形状データ iris を用いて説明します．萼（がく）片の長さ（Sepal.Length）と幅（Sepal.Width），花弁の長さ（Petal.Length）と幅（Petal.Width）のばらつきを散布図で表すと**図 2.7.2** のようになります．このように4変数間の散布図が同時に表示され，各変数間の関係が把握できます．

```
> data(iris)
> plot(iris[,1:4])
```

特に，花弁の長さ（Petal.Length）と幅（Petal.Width）の相関が強いことがわかります．

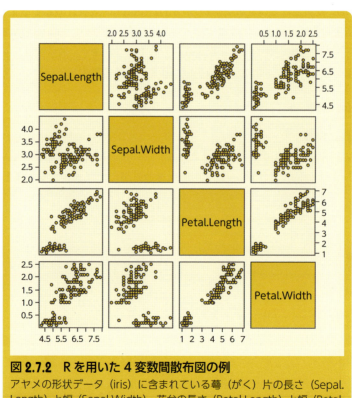

図 2.7.2　Rを用いた4変数間散布図の例
アヤメの形状データ（iris）に含まれている萼（がく）片の長さ（Sepal.Length）と幅（Sepal.Width），花弁の長さ（Petal.Length）と幅（Petal.Width）のばらつきを散布図で表した結果です．横軸も縦軸も単位はcmです．

Excel の実施例

Excel の場合，図 **2.7.3** のように，グラフを描きたいデータの入っているセルを選択して，ウインドウ上部の「グラフ」メニューのなかの「散布図」をクリックし，指示する内容にしたがって選択肢をクリックすることにより描けます．

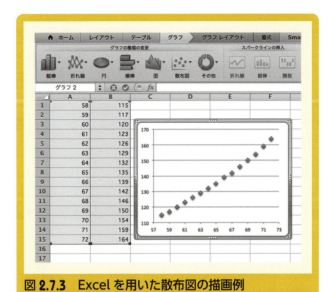

図 2.7.3　Excel を用いた散布図の描画例
Excel により，データセット women を用いて女性の身長（height）と体重（weight）の関係を散布図にプロットしました．横軸は体重（kg），縦軸は身長（cm）です．

第2章 データの表現方法 / グラフによる視覚化

2.8 デンドログラム（樹状図）

生物学的な意義，研究との接点

デンドログラムは，クラスター分析において各変数が，相互の類似度（距離）にもとづき，クラスターにまとめられていく様子を樹状図の形で表したものです．

マイクロアレイや，次世代シーケンサーのデータ解析における発現定量データなどの遺伝子間や，実験区間の類似性を視覚化するのに，ヒートマップ（2.9 参照）とともに非常によく用いられます．その他にも塩基配列の類似性にもとづいた進化系統樹などにも用いられます．

例えば階層的クラスター分析の場合，以下の行程で描かれます（**図 2.8.1**）．
①各変数のデータから相互の距離の行列を求める．
②得られた距離の行列を用いてデンドログラムを描くためのコーフェン行列を求める．
③そのコーフェン行列にもとづいてデンドログラムを描く．

各変数データからの距離の求め方などの詳細は，**4.4** を参照してください．本項では，デンドログラムによる説明変数の相互関係を視覚化する様子を紹介します．

R の実施例

ここでは，統計ソフト R にデフォルトで含まれているデータセット USArrests を用います．これは，アメリカの 50 の州における殺人件数（Murder），暴行件数（Assault），都市人口（UrbanPop），レイプ件数（Rape）のデータセットです．これにもとづいて各州の類似性をデンドログラムで表示すると **図 2.8.2** のようになります．手順としては以下の行程です．
①関数 **dist()** で，相互の変数間の距離を求める．
②関数 **hclust()** でクラスター形成を行う．

図 2.8.1 クラスター分析におけるデンドログラム作成の行程

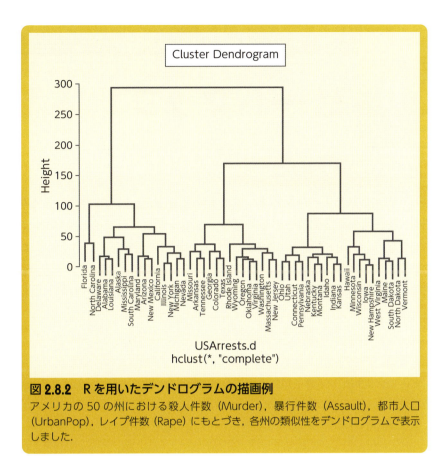

図 2.8.2　R を用いたデンドログラムの描画例
アメリカの 50 の州における殺人件数（Murder），暴行件数（Assault），都市人口（UrbanPop），レイプ件数（Rape）にもとづき，各州の類似性をデンドログラムで表示しました．

③これを関数 **plot()** で表示する．

```
> data(USArrests)
> USArrests.d<-dist(USArrests)
> USArrests.hc<-hclust(USArrests.d)
> plot(USArrests.hc)
```

　デンドログラムはアメリカの危険な都市と安全な都市との類似性が醸し出されて興味深いものになっています．

第2章 データの表現方法　グラフによる視覚化

2.9 ヒートマップ

生物学的な意義，研究との接点

行列で表現された量的な関係を示す数値のデータを，色で視覚化したものがヒートマップです．各数値の距離関数を出してクラスタリングしたりすると分類や，パターン分けがしやすくなり，デンドログラム（2.8 参照）と一緒に表示するということがよく行われます．

マイクロアレイや，次世代シーケンサーのデータ解析において，発現定量データなどの遺伝子間や実験区間の類似性を視覚化するのに，デンドログラムとともに非常によく用いられます．

ヒートマップは，データを可視化するために行列型の数字データの強弱を色で視覚化する方法です．階層的クラスター解析などで，デンドログラムと一緒に表示して，データの相互の関係をわかりやすくするのに用いられます．

Rの実施例

本項では，統計ソフト R にデフォルトで含まれているデータセット USArrests を用います．アメリカの 50 の州における殺人件数（Murder），暴行件数（Assault），都市人口（UrbanPop），レイプ件数（Rape）の，各州の類似性をヒートマップで表示するには以下のように入力します．**図 2.9.1** のようなヒートマップが表示されます．

```
> data(USArrests)
> heatmap(as.matrix(USArrests))
```

デフォルトの設定では，上と左に各データ間の関係を距離の関数で視覚化したデンドログラムが付加されます．

Excelの実施例

Excel の場合，ヒートマップを表示したいセルを選択し，ホームタブ上で「条件付き書式」→「カラースケール」→「その他のルール」で「三色スケール」を選択します（**図 2.9.2**）．最小値，中間値，最大値などを適宜選択することで，ヒートマップが描けます．右クリック→「セルの書式設定」→「ユーザー定義」で種類を";;;"にすれば，セル内の数値は表示されなくなります．

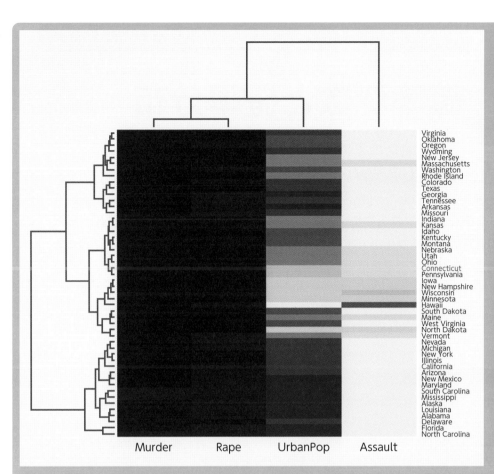

**図 2.9.1
Rを用いたヒートマップの描画例**

アメリカの50の州における殺人件数（Murder），暴行件数（Assault），都市人口（UrbanPop），レイプ件数（Rape）にもとづき，各州の類似性をヒートマップで表示しました．

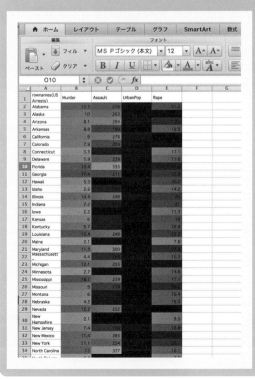

図 2.9.2　Excelを用いたヒートマップの描画例

アメリカの50の州における殺人件数（Murder），暴行件数（Assault），都市人口（UrbanPop），レイプ件数（Rape）にもとづき，各州の類似性をヒートマップで表示しました．

第2章 データの表現方法

2.10 確率変数と確率分布

生物学的な意義，研究との接点

データの分布について知ることは，生物学的な現象を説明したり，予測したりするための基礎になります．例えば，ある生物現象について平均値を求める場合，測定回数が多いときにはその測定値の分布が正規分布をすることが期待されます．このような現象は確率論的に説明されますので確率論は重要な基盤になります．数式的記述が多くなりますが，生物系研究者の理解のために必要な最低限度の用語を整理して本項で説明します．

確率変数と確率分布

推測統計学では各変数を確率論的に取り扱います．したがって，そこで取り扱う変数のことを確率変数とよび，またその変数の分布のことを確率分布とよびます．生物学的実験では観測対象により，その確率分布が異なり，統計学的な処理手順が異なってきます．このため，観測対象がどのような確率分布をするかを意識しながら統計解析を行う必要があります．

例えば，次世代シーケンサーの発現量データは，リード数で計数され飛び飛びの値をとる離散型分布であるのに対し，マイクロアレイや定量PCRの発現量データは，蛍光強度で測定され測定値が連続的に変化する連続型分布であることを意識しながらデータ処理を行います（**1.3** 参照）．

● 確率変数

試行（実験）の結果，得られた数値を実測値といいます．試行（実験）によって，その実測値が確率的にとりうる値を表す変数のことを確率変数とよびます．つまり，「確率変数では実測値と確率がセット」になっています．

● 確率分布

確率分布とは確率変数のとりうる確率の分布のことです（変数の実測値の分布ではないことに注意しましょう）．ある実測値のとりうる確率が決まれば確率分布が決まります．実測値がある値より小さい値である確率を表す関数を分布関数といいます．確率分布には，実測値が飛び飛びの値をとる離散型確率分布と，実測値が連続的に変化する連続型確率分布があります．

離散型確率分布

離散的な事象を扱う場合，離散型確率分布を考えます（**図 2.10.1**）．離散型確率分布には，離散一様分布，二項分布，ポアソン分布，負の二項分布，ベルヌーイ分布，幾何分布，多項分布などがあります．

連続型確率分布

連続型確率分布には，連続一様分布，正規分布，指数分布，t分布，カイ二乗分布，ガンマ分布，ベータ分布，F分布などがあります．連続的な事象を扱う場合，連続型確率の分布を考えます（**図 2.10.2**）．

代表的な確率分布を理解するための関数

● 累積分布関数 $F_X(X)$

確率変数Xの値がx以下である確率，$P(X \leq x)$，を表します．分布関数ともいいます．確率変数のある値以下の値が出現する確率を求める関数です．検定を行うときの有意水準に対して検定統計量の標本分布から定まる棄却限界値以下の標本分布の面積が有意水準となります．p値もこの関数から求められます．

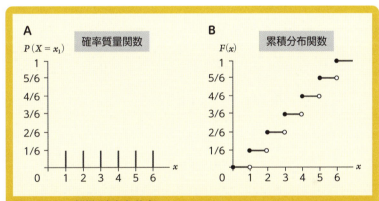

図 2.10.1　離散型確率分布
コインの裏表，サイコロの出る目など，離散型確率分布の確率（質量）関数（**A**）と累積分布関数（**B**）はこのようなグラフになります．この図はサイコロの出る目についての関数のグラフです．

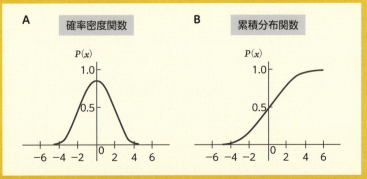

図 2.10.2　連続型確率分布
連続型確率分布では，確率密度関数（**A**）と累積分布関数（**B**）は連続したグラフになります．

● **確率質量関数** $f_X(X)$

　離散型確率分布の場合は，確率関数は飛び飛びの値をとりますが，これを<u>確率質量関数</u>といいます．端的にいえば，確率密度関数の離散型データ版です．したがって，離散型データのある区間を総和することで確率が求められます（**補遺❶.2** 参照）．

● **確率密度関数** $f_X(X)$

　累積分布関数の導関数で，X の値が x のときの確率を表す関数（<u>確率関数</u>）です．連続型確率分布の場合の確率関数を確率密度関数といいます．連続型の確率変数のとりうるある値の相対尤度で，この関数をある区間で積分することで確率（あるいは累積分布関数）が求まります（**補遺❶.2** 参照）．

2.11 離散型一様分布

生物学的な意義，研究との接点

各事象の出現確率が一定の確率分布を一様分布とよびます．いろいろな確率を考えるうえでの基礎となります．生物現象には離散型一様分布の例は一般的には存在しませんが，生物現象で認められる他の確率分布の理論的基礎になったり，無作為抽出など生物学的データ分析のためのツールとして用いられます．乱数を発生させるためにも用いられます．乱数は臨床データなどの無作為抽出を実施する際に使用されます．

離散型一様分布はサイコロを振ったときのそれぞれの目の出る確率など，すべての事象の起こる確率が等しい離散型の確率分布です．

離散型一様分布は確率変数 n 個の値が確率で $k_1, k_2, \cdots, k_n$ をとります．任意の k_i の確率は $1/n$ です．例えば，サイコロを振ったときの k がとりうる値は $1, 2, 3, 4, 5, 6$ で，1回サイコロを振ったとき，それぞれの値が出る確率は $1/6$ です．離散型一様分布は，生物現象には一般にみられず，生物現象で認められる他の確率分布の理論的基礎になったり，無作為抽出，乱数発生など生物学的データ分析のツールとして用いられます．

確率質量関数

分布の最小値を a，最大値を b とした場合，整数 $x = \{a, a+1, \cdots, b\}$ で定義された離散型の分布です．これを確率質量関数で表現すると，以下のような式で表せます．

$$f(x) = \begin{cases} \dfrac{1}{b-a+1} & (x = \{a, a+1, \cdots, b\}) \\ 0 & (\text{上記以外}) \end{cases}$$

例えばサイコロの場合，最小値 a が1，最大値 b が6です．

累積分布関数

累積分布関数は，以下のような式で表せます．

$$F(x) = \begin{cases} 0 & (x < a) \\ \dfrac{x-a+1}{b-a+1} & (x = \{a, a+1, \cdots, b\}) \\ 1 & (x > b) \end{cases}$$

例えばサイコロの場合，1の目が出た場合1/6，2の目が出た場合2/6，3の目が出た場合3/6，4の目が出た場合4/6，5の目が出た場合5/6，6の目が出た場合6/6すなわち1です．

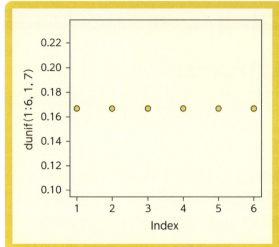

図 2.11.1 離散型一様分布の確率質量関数のグラフ

縦軸は出現確率，横軸はサイコロの目の値を表しています．離散型一様分布は，各事象の出現確率が均一で飛び飛びの値をとる分布です．例えばサイコロの目は，各目は1から6までの値をとりますが，それぞれの出現確率は等しいです．

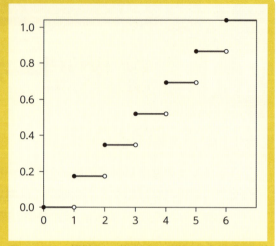

図 2.11.2 離散型一様分布の累積分布関数のグラフ

縦軸は累積出現確率，横軸はサイコロの目の値を表しています．離散型一様分布の累積確率分布は，各データは飛び飛びの値をとり，新しいデータが追加されるにしたがい階段状に増えていきます．

グラフ

　離散一様分布の確率質量関数は**図 2.11.1**のように，累積分布関数は**図 2.11.2**のようにグラフ表示されます．

Rによる（乱数）数値発生

　Rを用いて，10回のサイコロの目を発生させる場合，一様乱数を発生させる関数 **runif()** を用いて，乱数を発生させ〔すなわち，`runif(10,1,7)`〕これを関数 **floor()** または関数 **ceiling()** を用いて丸めます*．

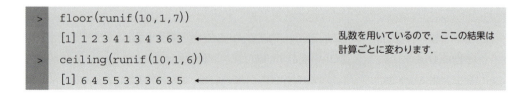

```
> floor(runif(10,1,7))
[1] 1 2 3 4 1 3 4 3 6 3       ← 乱数を用いているので，ここの結果は
> ceiling(runif(10,1,6))          計算ごとに変わります．
[1] 6 4 5 5 3 3 3 6 3 5
```

　あるいは，関数 **sample()** を用いて以下のように乱数を発生させます．

```
> sample(1:6, 10, replace=TRUE)
[1] 4 1 4 5 5 6 3 5 2 5       ← ここの結果も計算ごとに変わります．
```

＊　ここで「丸める」とは，関数 **floor()** の場合は小数点以下を切り捨て，関数 **ceiling()** の場合は小数点以下を切り上げることを意味します．例えば，本文中の例のように **floor()** の括弧のなかに `runif(10, 1, 7)` と入力すれば，1以上7以下の乱数を10回発生させて，その小数点以下を切り下げるという計算がなされます．

第2章 データの表現方法 — 代表的な離散型確率分布

2.12 二項分布

生物学的な意義，研究との接点

二項分布は結果が成功か失敗のいずれかである n 回の独立な試行を行ったときの成功数 k で表される離散型確率分布です．この場合，各試行における成功確率 p は一定です．

生物学においては2つの対立遺伝子がある場合の表現型の発現頻度など，遺伝や遺伝子の現象を説明する場合に非常によく用いられます．したがってその内容を把握することは非常に重要です．

結果が成功か失敗のいずれかであるような試行を<u>ベルヌーイ試行</u>とよんでいます．例えば，コイン投げの試行結果はオモテ面かウラ面のどちらかになります．このようなケースです．コインのオモテ面の出る確率を p，ウラ面の出る確率を $1-p(=q)$ とします．このコインを n 回投げたとき，オモテ面の出る回数 k が二項分布の確率変数です．

生物分野の実例としては，遺伝子の遺伝型の分離比が二項分布にしたがうことが知られており（**補遺❶.1** 参照），遺伝型の発生頻度を予測したり，発生頻度が予測から外れる場合は何らかの遺伝的異常が起こっていることが示唆されます．

確率質量関数

試行回数 n，確率 p の二項分布の確率質量関数は以下の式のようになります．

$$P(X=k) = {}_nC_k p^k q^{n-k} = \binom{n}{k} p^k (1-p)^{n-k}$$

例えば，オモテ面の出る確率が p，ウラ面の出る確率が $1-p(=q)$ のコインがある場合を考えます．このコインを n 回投げたとき，オモテ面の出る回数 k を確率変数とします．$X=k$（n 回の試行で k 回がオモテ面）のときの確率が $P(X=k)$ です．

このとき確率変数 X（オモテ面が出た回数）は，試行回数 n，確率 p の二項分布にしたがうといい，以下のように表現されます．

$$X \sim B(n, p)$$

上記を対立遺伝子で当てはめた場合の考え方については**補遺❶.1**を参照してください．

期待値（平均）と分散

二項分布の期待値（平均）$E(X)$ および分散 $V(X)$ は以下の式のようになります．

$$E(X) = \mu = np$$
$$V(X) = \sigma^2 = np(1-p)$$

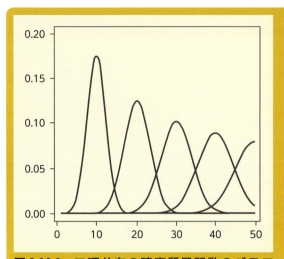

図 2.12.1　二項分布の確率質量関数のグラフ
縦軸は確率，横軸は試行回数（回）を表しています．二項分布の確率質量関数は，真ん中が高く，両端が低くなるようなグラフになります．試行回数が増えるほど，正規分布に近づきます．

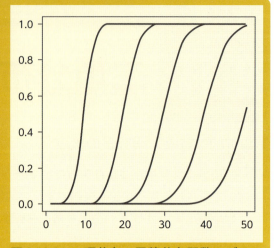

図 2.12.2　二項分布の累積分布関数のグラフ
縦軸は累積確率，横軸は試行回数（回）を表しています．二項分布の累積分布関数は，S字カーブを描きます．

グラフ

二項分布 $B(n, 0.5)$ において $n = 20, 40, 60, 80, 100$ の場合を描画した確率質量関数のグラフは**図 2.12.1** のようになります*．回数が多くなるほど正規分布に近づいていくことが理解できます．また，同条件のとき，累積分布関数のグラフは**図 2.12.2** のようになります*．

Rによるグラフ作成

図 2.12.1 の確率質量関数のグラフを R で描くには以下のように入力します（**plot()** を入力するたびにグラフが一本ずつ増えていきます）．

```
> par(ann=F)
> plot(1:50,dbinom(1:50, 20, p=0.5),type="l",ylim=c(0,0.2),)
> par(new=T)
> plot(1:50,dbinom(1:50, 40, p=0.5),type="l",ylim=c(0,0.2))
> par(new=T)
> plot(1:50,dbinom(1:50, 60, p=0.5),type="l",ylim=c(0,0.2))
> par(new=T)
> plot(1:50,dbinom(1:50, 80, p=0.5),type="l",ylim=c(0,0.2))
> par(new=T)
> plot(1:50,dbinom(1:50, 100, p=0.5),type="l",ylim=c(0,0.2))
```

＊　離散型確率分布のグラフは，本来は連続線ではなく点線で表示されるべきですが，見やすくすることを優先するため連続線で表示します．実際の分布は点線のように離散型の数値となっていることにご注意ください．

図 2.12.2 の累積分布関数のグラフを R で描くには以下のように入力します．

```
> par(ann=F)
> plot(1:50,pbinom(1:50, 20, p=0.5),type="l",ylim=c(0,1))
> par(new=T)
> plot(1:50,pbinom(1:50, 40, p=0.5),type="l",ylim=c(0,1))
> par(new=T)
> plot(1:50,pbinom(1:50, 60, p=0.5),type="l",ylim=c(0,1))
> par(new=T)
> plot(1:50,pbinom(1:50, 80, p=0.5),type="l",ylim=c(0,1))
> par(new=T)
> plot(1:50,pbinom(1:50, 100, p=0.5),type="l",ylim=c(0,1))
```

2.13 ポアソン分布

生物学的な意義，研究との接点

ポアソン分布は確率変数 x として，一定期間中に発生する離散的な事象の発生数をとった場合の離散型確率分布です．

比較的発現頻度の低い事象はポアソン分布にしたがうといわれています．生物学的には，マイクロアレイや次世代シーケンサーなどの網羅的発現量解析における発現量の分布などで，測定値の平均値と標準偏差がほぼ等しい場合などはポアソン分布をすることが知られています．生物現象でポアソン分布をする例はしばしば登場します．

単位時間中に平均で λ 回発生する事象がある場合，その事象が k 回（k は非負の整数，$k = 0, 1, 2, \cdots$）発生する確率を扱います．この場合の確率変数は k で，そのときの発生確率は $P(X = k)$ で表します．例として以下のようなものがあります．

- 壊変率 λ の放射性物質の壊変数
- ある交差点での事故の発生件数
- ある製品の不良品の発生数
- 1 ヘクタールあたりのエゾマツの本数
- 1 時間あたりの病気の発症数

また，ある条件下での次世代シーケンサーから出力されるリード数などのデータはポアソン分布にしたがうことが知られており，生物学的には理解をしておくことが非常に重要な分布です．

確率質量関数

ポアソン分布の確率質量関数 $P(X = k)$ は，以下のような式で表せます．

$$P(X = k) = \frac{\lambda^k e^{-\lambda}}{k!}$$

累積分布関数

ポアソン分布の累積分布関数 $P(X \leq k)$ は，以下のような式で表せます．

$$P(X \leq k) = e^{-\lambda} \sum_{i=0}^{k} \frac{\lambda^i}{i!}$$

ここで，$P(X = k)$ は「単位時間中に平均で λ 回発生する事象がちょうど k 回発生する確率で，i は，i 回目までの累積確率を意味します．

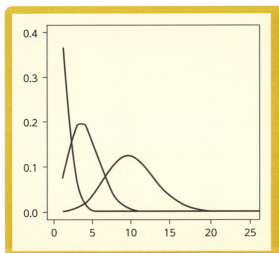

図 2.13.1　ポアソン分布の確率質量関数のグラフ
縦軸は事象の発生確率 $P(X=k)$，横軸は事象の平均発生回数 λ（回）を表しています．ポアソン分布の確率質量関数は，事象の平均発生回数 λ が大きくなるほど，正規分布に近づきます．

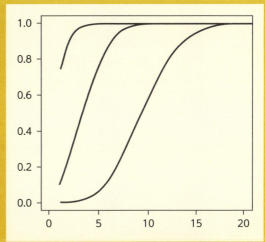

図 2.13.2　ポアソン分布の累積分布関数のグラフ
縦軸は事象の累積発生確率 $P(X \leq k)$，横軸は事象の平均発生回数 λ（回）を表しています．ポアソン分布の累積分布関数は，S字カーブを描きます．

期待値（平均）・分散

ポアソン分布の期待値（平均）$E(X)$ および分散 $V(X)$ は，λ（事象の平均発生回数）に等しいという特徴があります．

$$期待値：E(X) = \lambda$$
$$分散：V(X) = \lambda$$

これは非常に重要な性質で，生物学では次世代シーケンサーのリード数の分布が，その平均と分散が等しい場合にポアソン分布にしたがうことが知られています．主にカウントデータで，平均と分散が等しい場合にポアソン分布にしたがいます．

グラフ

ポアソン分布の確率質量関数は**図 2.13.1** のように，累積分布関数は**図 2.13.2** のようにグラフ表示されます*．確率質量関数のグラフをみると事象の平均発生回数 λ の値が大きいほど，正規分布に近づいていくことがわかります．

Rによるグラフ作成

図 2.13.1 の確率質量関数のグラフ（$\lambda = 1, 4, 10$ の場合）を R で描くには以下のように入力します（**plot()**を入力するたびに，グラフが一本ずつ増えていきます）．

---

* 離散型確率分布のグラフは，本来は連続線ではなく点線で表示されるべきですが，見やすくすることを優先するため連続線で表示します．実際の分布は点線のように離散型の数値となっていることにご注意ください．

```
> par(ann=F)
> plot(1:50,dpois(1:50,lambda=1),type="l",ylim=c(0,0.4),xlim=c(0,25))
> par(new=T)
> plot(1:50,dpois(1:50,lambda=4),type="l",ylim=c(0,0.4),xlim=c(0,25))
> par(new=T)
> plot(1:50,dpois(1:50,lambda=10),type="l",ylim=c(0,0.4),xlim=c(0,25))
```

図 **2.13.2** の累積分布関数のグラフ（$\lambda=1, 4, 10$ の場合）を R で描くには以下のように入力します．

```
> par(ann=F)
> plot(1:50,ppois(1:50,lambda=1),type="l",ylim=c(0,1),xlim=c(1,20))
> par(new=T)
> plot(1:50,ppois(1:50,lambda=4),type="l",ylim=c(0,1),xlim=c(1,20))
> par(new=T)
> plot(1:50,ppois(1:50,lambda=10),type="l",ylim=c(0,1),xlim=c(1,20))
```

第2章 データの表現方法　代表的な離散型確率分布

2.14 負の二項分布

生物学的な意義，研究との接点

次世代シーケンサーなどの網羅的発現量解析における発現量の分布などで，測定値の平均値に比べて標準偏差が非常に大きい場合は，負の二項分布をすることが知られています．次世代シーケンサーのデータ分析を理解するのに必須の確率分布です．

次世代シーケンサーのデータ以外には，ある面積中の雑草個体数，あるサイズの個体が生産した種子数など，稀な事象の起こるカウントデータにおいて，条件により（分散＞＞＞平均の場合）負の二項分布にしたがいます．

負の二項分布とは，
① 結果が成功か失敗のいずれかであるようなベルヌーイ試行について，独立な試行を行ったとき，r 回成功するまでに必要な試行回数 x で表される離散型確率分布です．
② 結果が成功か失敗のいずれかであるようなベルヌーイ試行について，独立な試行を行ったとき，r 回成功するまでに必要な失敗した試行回数 y で表されるケースもあります．
ここでは，紙面の関係から①の例のみ紹介します．この場合，各試行における成功確率 p は一定です．

確率質量関数

確率質量関数 $f(x)$ あるいは $P(X=x)$ は，以下のような式で表せます．

$$f(x) = P(X = x) = \binom{x-1}{r-1} p^r (1-p)^{x-r}$$

確率関数を求めるのに必要なパラメータは，成功回数を表す定数 r と各試行における成功確率 p です．r は正の整数で，p は 0 から 1 までの実数です．$r=1$ の場合は，特に幾何分布（**2.16** 参照）といいます．

平均・分散

負の二項分布の平均 $E(X)$ および分散 $V(X)$ は，λ に等しいという特徴があります．

期待値：$E(X) = r/p$

分散：$V(X) = \sigma^2 = r(1-p)/p^2$

多くの場合，次世代シーケンサーのリード数などの分布は，負の二項分布にしたがうことが知られています．主にカウントデータで，平均より分散が大きい場合に負の二項分布にしたがいます．データが負の二項分布にしたがう場合，データの分布が正規分布にしたがっていないことを意味し，検定やデータの解釈に注意が必要です．

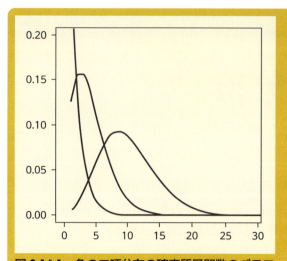

図 2.14.1 負の二項分布の確率質量関数のグラフ
縦軸は事象の発生確率 $P(X = x)$,横軸は r 回成功するまでに必要な試行回数 x(回)を表しています.負の二項分布の確率質量関数は,試行回数 x が大きくなるほど,正規分布に近づきます.

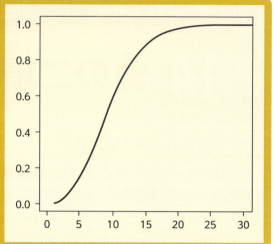

図 2.14.2 負の二項分布の累積分布関数のグラフ
縦軸は事象の累積発生確率 $P(X \leq x)$,横軸は r 回成功するまでに必要な試行回数 x(回)を表しています.負の二項分布の累積分布関数は,S 字カーブを描きます.

グラフ

負の二項分布において成功確率 p が 0.5,$x = 1, 4, 10$ の場合を描画した確率質量関数のグラフは,**図 2.14.1** のようになります[*].回数が多くなるほど正規分布に近づいていくことが理解できます.また,$x = 10$ のとき,累積分布関数のグラフは**図 2.14.2** のようになります[*].

R によるグラフ作成

図 2.14.1 の確率質量関数のグラフを描くには以下のように入力します(**plot()** を入力するたびに,グラフが一本ずつ増えていきます).

```
> par(ann=F)
> plot(1:50,dnbinom(1:50, 1, p=0.5),type="l",xlim=c(0,30),ylim=c(0,0.2))
> par(new=T)
> plot(1:50,dnbinom(1:50, 4, p=0.5),type="l",xlim=c(0,30),ylim=c(0,0.2))
> par(new=T)
> plot(1:50,dnbinom(1:50, 10, p=0.5),type="l",xlim=c(0,30),ylim=c(0,0.2))
```

図 2.14.2 の $x = 10$ に対応する負の二項分布の累積分布関数のグラフを描くには以下のように入力します.

```
> par(ann=F)
> plot(1:50,pnbinom(1:50, 10, p=0.5),type="l",xlim=c(0,30))
```

[*] 離散型確率分布のグラフは,本来は連続線ではなく点線で表示されるべきですが,見やすくすることを優先するため連続線で表示します.実際の分布は点線のように離散型の数値となっていることにご注意ください.

第2章 データの表現方法 — 代表的な離散型確率分布

2.15 ベルヌーイ分布

生物学的な意義，研究との接点

二項分布（**2.12** 参照）において1回分の確率分布を記述したものです．したがって，遺伝における表現型の頻度を議論する場合に理解しておく必要があります．また，「薬が効く，効かない」という事象にも応用できます．

ベルヌーイ分布とは，結果が成功か失敗のいずれかであるときの1回分の試行をモデル化したものです．すなわち，二項分布のうち，試行回数が1回のものをベルヌーイ分布といいます．

例えば，成功（コインの表が出る）を1，失敗（コインの裏が出る）を0として，

- 1が出る確率を p
- 0が出る確率を $1-p$

とします．p のことを成功確率とよびます．このような離散型確率分布がベルヌーイ分布です．医学分野でいうと「薬が効く，効かない」という2つの事象を考えるとわかりやすいと思います．この場合，薬が効く確率を p，効かない確率を $1-p$ と考えます．生物学の例では遺伝子座の対立遺伝子のどちらを引き継いだといった二者択一の現象を処理するのに用いられます．

確率質量関数

ベルヌーイ分布の確率変数は，整数 $x=\{0,1\}$ の値をとり，その発生確率は1つのパラメータ $p(0 < p < 1)$ で定義されます．このパラメータは成功確率です．ベルヌーイ分布の確率質量関数は，以下のような式で表せます．

$$f(x) = \begin{cases} 1-p & (x=0) \\ p & (x=1) \end{cases}$$

累積分布関数

累積分布関数は，以下のような式で表せます．

$$F(x) = \begin{cases} 0 & (x<0) \\ -p & (0<x<1) \\ 1 & (x \geq 1) \end{cases}$$

第2章 データの表現方法 — 代表的な離散型確率分布

2.16 幾何分布

生物学的な意義，研究との接点

ある生物現象が起こるまでの試行回数，例えばウイルスが薬剤耐性変異を獲得するまでの継代回数などを予測する場合に用いられます．

幾何分布は負の二項分布（**2.14** 参照）の特殊な形です．負の二項分布では，r 回成功するまでの試行回数を考えましたが，幾何分布は $r=1$ の場合です．

幾何分布とは，一般的には，
① 結果が成功か失敗のいずれかであるようなベルヌーイ試行について，独立な試行を行ったとき，最初に成功するまでに必要な試行回数 x で表される離散型確率分布です．
② 結果が成功か失敗のいずれかであるようなベルヌーイ試行について，独立な試行を行ったとき，最初に成功するまでに失敗した試行回数 $y(x-1)$ を表すこともあります．
どちらの定義を用いるかは事例に依存しますので，幾何分布を用いる場合は定義を明らかにすることが望ましいです．

確率質量関数，累積分布関数

幾何分布は，それぞれの成功確率が p である独立したベルヌーイ試行を実施する場合に，最初に成功するまでに必要な試行回数を X とします．確率質量関数 $P(X=k)$，累積分布関数 $P(X \leq k)$ は以下の式のように表します．k は 1, 2, 3, … と変化します．

$$Pr(X=k) = p(1-p)^{k-1}$$
$$Pr(X \leq k) = 1 - (1-p)^k$$

幾何分布が，各成功確率 p である独立したベルヌーイ試行について，最初に成功するまでに失敗した試行回数を $y(x-1)$ とします．確率質量関数 $P(Y=k)$，累積分布関数 $P(Y \leq k)$ は以下のように表します．k は 0, 1, 2, 3, … と変化します．

$$Pr(Y=k) = p(1-p)^k$$
$$Pr(Y \leq k) = 1 - (1-p)^{k+1}$$

例えば，ウイルスの薬剤耐性変異の獲得までの継代回数でいえば，薬剤耐性変異の獲得成功率が p，継代回数が k に対応します．

期待値（平均），分散

幾何分布の期待値（平均）$E(X)$，分散 $V(X)$ は，確率変数 X（つまり最初に成功するまでに必要な試行回数 x）の場合，以下の式のように表します．

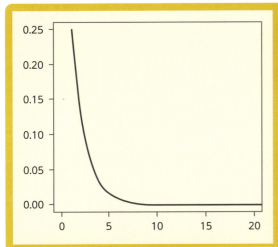

図 2.16.1　幾何分布の確率質量関数のグラフ
縦軸は最初に成功するまでに失敗する確率 $P(Y=k)$，横軸は成功までに生じる失敗の数を示しています．ベルヌーイ試行について，試行回数（最初に成功するまでの）が増加するにしたがい急速に，その失敗する確率（最初に成功するまでの）が減少することが確認できます．

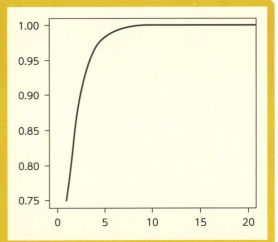

図 2.16.2　幾何分布の累積分布関数のグラフ
縦軸は最初に成功するまでに失敗する累積確率 $P(Y \leqq k)$，横軸は成功までに生じる失敗の数を示しています．ベルヌーイ試行について，試行回数（最初に成功するまでの）が増加するにしたがい急速に，その失敗する累積確率（最初に成功するまでの）が増加し，すぐに定常状態に収束する様子を確認できます．

$$E(X) = \frac{1}{p}$$

$$V(X) = \frac{1-p}{p^2}$$

確率変数 Y（つまり，最初に成功するまでに必要な試行回数 x）の場合，期待値 $E(Y)$，分散 $V(Y)$ は，以下の式のように表します．

$$E(Y) = \frac{1-p}{p}$$

$$V(Y) = \frac{1-p}{p^2}$$

Rによるグラフ作成

統計ソフトRの場合，幾何分布はベルヌーイ試行で成功が起きるまでに生じる失敗の数について，つまり確率質量関数 $P(Y=k)$，累積分布関数 $P(Y \leqq k)$ について定義されています．

成功確率 0.5 の場合の確率質量関数 $P(Y=k)$ は，以下のように入力して描画します（**図 2.16.1**）*．

```
> par(ann=F)
> plot(1:50, dgeom(1:50, 0.5),type="l",xlim=c(0,20))
```

---

* 離散型確率分布のグラフは，本来は連続線ではなく点線で表示されるべきですが，見やすくすることを優先するため連続線で表示します．実際の分布は点線のように離散型の数値となっていることにご注意ください．

成功確率 0.5 の場合の累積分布関数 $P(Y \leqq k)$ は，以下のように入力して描画します（**図 2.16.2**）*.

```
> par(ann=F)
> plot(1:50, pgeom (1:50, 0.5),type="l",xlim=c(0,20))
```

2.17 多項分布

第2章 データの表現方法 — 代表的な離散型確率分布

生物学的な意義，研究との接点

二項分布を多種類の事象に一般化した確率分布です．二項分布では2種類の事象があるときに，n回の試行による成功数kの確率を取り扱うのに対し，多項分布では，多種類の事象について取り扱います．

いわゆる二項分布の多変量版で，複数の遺伝子座の頻度情報をもとに表現型を予測する場合に使用します．遺伝子の連鎖解析などで登場します．

二項分布の場合は，n回の独立なベルヌーイ試行を実施した場合の成功数kの確率分布で，各試行の成功確率pは一定です．

多項分布の場合は，$i = 1, \cdots, k$個の試行の場合のそれぞれの値をとる確率を考えます．その各確率は $P_1, \cdots, P_k$ であり，n回の独立した試行を実施します．$i = 2$の場合の多項分布が，二項分布です．多項分布の確率変数 X_i は，試行回数n回の試行においてiという数が出る回数を示します．この場合に，$X = (X_1, \cdots, X_k)$ はnとpをパラメータとする多項分布にしたがいます．

わかりにくいのでもう少し噛み砕いてみます．

① 例えば，a, b, c の3個の事象が起こる場合を考えます
② それぞれの発生確率を P_a, P_b, P_c であると考えます（$P_a + P_b + P_c = 1$ です）
③ そのような事象がある場合に，10回の独立した試行を実施したときに，aが2回，bが5回，cが3回出たとします．これが，確率変数 X_i であり，$X_i = (X_a, X_b, X_c) = (2, 5, 3)$ となります
④ X_i の各値は，nとP_a, P_b, P_c をそれぞれのパラメータとする多項分布 $f(X_a, X_b, X_c; n と P_a, P_b, P_c)$ にしたがいます

つまり，X_i の各値は，nとP_a, P_b, P_c のそれぞれの値で決まります．イメージ的には**図 2.17.1**を想像すればいいと思います．

確率質量関数

多項分布の確率質量関数は以下の式で表せます．

$$Pr(X_1 = x_1, X_2 = x_2, \cdots, X_k = x_k) = \frac{n!}{x_1! x_2! \cdots x_k!} p_1^{x_1} p_2^{x_2} \cdots p_k^{x_k}$$

ここでは，以下の関係が前提となっています．

$p_1 + \cdots + p_k = 1$（すなわち，すべての確率の総和）

$x_1 + \cdots + x_k = n$

多項分布の累積分布関数も同様に二項分布から拡張できますが，複雑となりますので省略します．

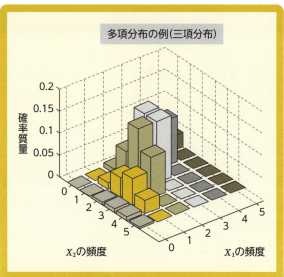

図 2.17.1　多項分布の例
三項分布での例を示した．一次元めのグラフをX_1，二次元めのグラフをX_2で示した．三次元めのグラフは省略．MathWorks ドキュメンテーション「Statistics and Machine Learning Toolbox, 確率分布, 離散分布, 多項分布, 多項確率分布関数」(https://jp.mathworks.com/help/stats/work-with-the-multinomial-probability-distribution.html) より引用．

期待値（平均），分散

多項分布の期待値（平均）$E(X_i)$，分散$V(X_i)$は，以下の式のように表せます．

$$E(X_i) = np_i$$
$$V(X_i) = np_i(1 - p_i)$$

2.18 連続型一様分布

生物学的な意義，研究との接点

各事象の出現確率が一定の確率分布を一様分布とよびますが，その連続確率変数を扱う場合の分布です．離散型一様分布（**2.11** 参照）と同様，乱数を発生させるために用いられます．

連続型一様分布とは，確率密度関数が常に一定の値をとる確率分布で，特に確率変数 X が連続確率変数であるものです．

パラメータ（母数）は確率変数 X のとりうる最小値 a および最大値 b です．$U(a, b)$ と表示されることがあります．特に，$a = 0$ かつ $b = 1$ に限定したときの分布 $U(0, 1)$ を標準一様分布とよびます．標準一様分布は，擬似乱数列の発生などに利用されます．

確率密度関数

連続型一様分布の確率密度関数は，以下の式で表せます．

$$f(x) = \begin{cases} \dfrac{1}{b-a} & (a \leq x \leq b) \\ 0 & (x < a, x > b) \end{cases}$$

累積分布関数

累積分布関数は，以下の式で表せます．

$$F(x) = \begin{cases} 0 & (x < a) \\ \dfrac{x-a}{b-a} & (a \leq x < b) \\ 1 & (x \geq b) \end{cases}$$

グラフ

連続型一様分布の確率密度関数は**図 2.18.1** のように，累積分布関数は**図 2.18.2** のようにグラフ表示されます．

Rによる（乱数）数値発生

R を用いて，10 回の標準一様分布乱数を発生させる場合，関数 **runif()** を用います．

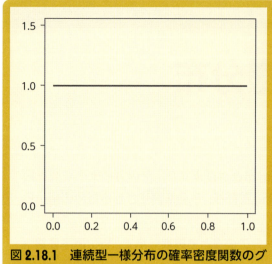

図2.18.1　連続型一様分布の確率密度関数のグラフ

縦軸は各試行の出現確率，変数 x の値を示しています．変数 x の値が変動しても，その発生確率は変動しないことがわかります．

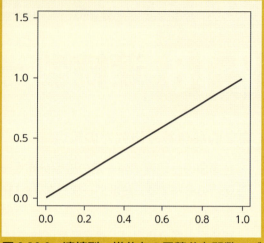

図2.18.2　連続型一様分布の累積分布関数のグラフ

縦軸は各試行の累積確率，横軸は変数 x の値を示しています．変数 x が増加するにしたがい，累積確率が増加することがわかります．

```
> runif(10)
 [1] 0.7841665 0.8426960 0.1834721 0.5285396 0.7029476 0.9132728
 [7] 0.2591739 0.7926248 0.6144696 0.7006205
```

乱数を用いているので結果の数値は計算するたびに変化します．

第2章 データの表現方法 | 代表的な連続型確率分布

2.19 正規分布

生物学的な意義, 研究との接点

どんな確率分布であっても試行回数が増えていけば, 正規分布になるという性質（中心極限定理）があります（**2.28** 参照）．したがって, ステューデントの t 検定（**3.2** 参照）などの基礎となっておりきわめて重要な確率分布です．統計学的検定を実際に使用するうえでその性質を理解することは必須となります．

正規分布は, 統計の基本となる最も重要な確率分布です．中心極限定理により,「どんな確率分布であっても, その変数が大量に蓄積すれば, 平均をとると正規分布になる」という性質があります．このため, 正規分布は統計学や自然科学, 社会科学のさまざまな場面で, 複雑な現象を説明するモデルとして頻用されます．また, 統計学の手法の多くは母分布が正規分布にしたがっていることを仮定して考案されています．

確率密度関数

正規分布は, その平均を μ, 分散を σ^2 とするとき, 以下の確率密度関数で表せます．

$$f(x) = \frac{1}{\sqrt{2\pi\sigma^2}} \exp\left(-\frac{(x-\mu)^2}{2\sigma^2}\right)$$

ガウス分布ともいいます．正規分布は $N(\mu, \sigma^2)$ と表記されることがあります．特に $\mu = 0$, $\sigma^2 = 1$ の正規分布を, 標準正規分布とよびます．標準正規分布 $N(0, 1)$ は, 以下の形の確率密度関数で表せます．

$$f(x) = \frac{1}{\sqrt{2\pi}} \exp\left(-\frac{x^2}{2}\right)$$

Rによるグラフ作成

統計ソフトRを用いて, $\mu = 0$, $\sigma^2 = 1$ の正規分布（標準正規分布）の確率密度関数のグラフは以下のようにして描けます（**図 2.19.1**）．

```
> curve(dnorm(x,0, 1), from=-7, to=7, type="l")
```

また, その累積分布関数のグラフは以下のようにして描けます（**図 2.19.2**）．

```
> curve(pnorm(x,0, 1), from=-7, to=7, type="l")
```

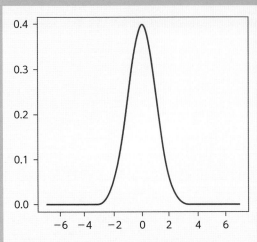

図 2.19.1　標準正規分布の確率密度関数のグラフ
縦軸は出現確率，横軸は変数 X の値を示しています．

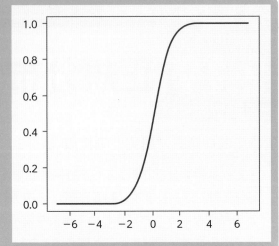

図 2.19.2　標準正規分布の累積分布関数のグラフ
縦軸は累積確率，横軸は変数 X の値を示しています．

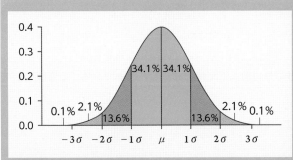

図 2.19.3　正規分布の性質
縦軸は出現確率を示しています．横軸はデータの数値（測定値）を表し，平均（μ）が真ん中で，標準偏差（1σ）とその 2 倍（2σ），3 倍（3σ）と目盛りをつけています．

正規分布の性質

　確率変数 X が $N(\mu,\sigma^2)$ にしたがう場合（すなわち，観察したい事象が正規分布にしたがう場合），平均 μ から ±1σ の範囲内に X（観察したい事象）が含まれる確率は 68.27％です．±2σ の範囲内では 95.45％，±3σ の範囲内では 99.73％です（**図 2.19.3**）．

　正規分布は，t 分布や F 分布などの種々の分布での基本になっており，実際の統計的推測でも，仮説検定，区間推定などで利用されます．特に，正規分布を仮定して実施される検定をパラメトリック検定とよびます（**3.1** 参照）．

2.20 指数分布

生物学的な意義，研究との接点

細胞分裂や人口増加，細菌感染など，いわゆる指数関数的に変化する事象を表現する際に用いられる分布です．

例えば，1時間に平均10回の壊変が起こる放射性物質を考えます（放射線壊変の平均壊変間隔は6分です）．放射線の壊変がランダムに起こるとするとき，その壊変の起こる時間の間隔を確率変数とするものです．

ポアソン分布（**2.13**参照）が，単位時間内に事象の起こる確率であるのに対し，指数分布は事象の起こる時間間隔であるという関係があります．つまり，ポアソン分布と指数分布は同じ事象を逆の視点でみていることになります．

確率密度関数

指数分布の確率密度関数は以下の式で表すことができます．

$$f(x) = \lambda e^{-\lambda x}$$

ここで λ は単位期間中にある事象が発生する平均回数のことです．ある事象の発生間隔が x（単位）時間である確率密度関数 $f(x)$ は，指数分布にしたがいます．

期待値（平均），分散

指数分布の期待値（平均）$E(x)$ および分散 $V(x)$ はそれぞれ以下のようになります．

$$E(x) = \frac{1}{\lambda} = \theta$$

$$V(x) = \frac{1}{\lambda^2} = \theta^2$$

このとき $\theta(=1/\lambda)$ は，尺度母数とよばれます．

Rによるグラフ作成

指数分布の確率密度関数のグラフは，統計ソフトRを用いて，以下のコードで描けます（**図2.20.1**）．この図の分布では，縦軸の切片の小さいものから λ の値が，0.5, 1.0, 1.5 となっています（**curve()** を入力するたびにグラフが一本ずつ増えていきます）．

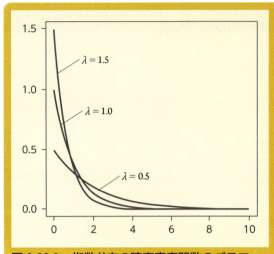

図 2.20.1　指数分布の確率密度関数のグラフ

縦軸は出現確率，横軸は変数 x の値を示します．パラメータ λ の値が 0.5，1.0，1.5 と増えるにしたがい傾斜の急なグラフになることが確認できます．

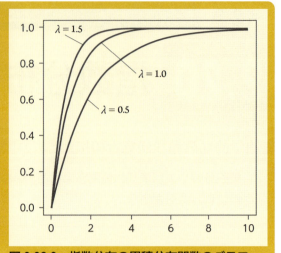

図 2.20.2　指数分布の累積分布関数のグラフ

縦軸は累積確率，横軸は変数 x の値を示します．こちらもパラメータ λ の値が増えるにしたがい傾斜の急なグラフになることが確認できます．

```
> par(ann=F)
> curve(dexp(x,0.5), from=0, to=10, type="l",ylim=c(0,1.5))
> par(new=T)
> curve(dexp(x,1.0), from=0, to=10, type="l",ylim=c(0,1.5))
> par(new=T)
> curve(dexp(x,1.5), from=0, to=10, type="l",ylim=c(0,1.5))
```

また，その累積分布関数のグラフは以下のコードで描けます（**図 2.20.2**）．この図の分布では，下のグラフから順に，パラメータ λ の値は，それぞれ 0.5, 1.0, 1.5 となっています．

```
> par(ann=F)
> curve(pexp(x,0.5), from=0, to=10, type="l",ylim=c(0,1))
> par(new=T)
> curve(pexp(x,1.0), from=0, to=10, type="l",ylim=c(0,1))
> par(new=T)
> curve(pexp(x,1.5), from=0, to=10, type="l",ylim=c(0,1))
```

2.21 t分布

生物学的な意義，研究との接点

ステューデントの t 検定における t 統計量のとる分布で，母集団が正規分布にしたがうと仮定するパラメトリック検定（**3.1** 参照）の基礎となっており，きわめて重要な確率分布です．統計学的検定を実際に使用するうえでその性質を理解することは必須となります．生命科学における具体例は **3.2** も参照してください．

t 分布は，種々の生物学的実験で有意差の有無を確認するために行われるステューデントの t 検定で用いられる分布です．確率変数 $X_1, X_2, \cdots, X_n$ が独立でいずれも $N(\mu, \sigma^2)$ にしたがうとき，以下の統計量 T 値は自由度 $n-1$ の t 分布にしたがうという性質があります．ただし，μ は平均，σ^2 は分散を意味します．

$$T = \frac{\overline{X}_n - \mu}{U_n/\sqrt{n}}$$

ただし，U_n は不偏分散標準偏差で，$\overline{X}_n$ は標本平均です．この性質を利用して，ステューデントの t 検定が実施されます（**3.2** 参照）．

確率密度関数，累積分布関数

t 分布の確率密度関数は，以下の式で表すことができます．

$$f(x) = \frac{\Gamma\left(\frac{\nu+1}{2}\right)}{\sqrt{\nu\pi}\,\Gamma\left(\frac{\nu}{2}\right)} \left(1 + \frac{x^2}{\nu}\right)^{-\left(\frac{\nu+1}{2}\right)}$$

ただし，$x \in (-\infty, +\infty)$ の範囲をとります．また，Γ はガンマ関数*（**2.23** 参照），$\nu = n-1 \,(\nu > 0)$（自由度）です．

t 分布の累積分布関数は，以下の式で表すことができます．

$$F(x) = \frac{1}{2} + x\Gamma\left(\frac{\nu+1}{2}\right) \cdot \frac{{}_2F_1\left(\frac{1}{2}, \frac{\nu+1}{2}; \frac{3}{2}; -\frac{x^2}{\nu}\right)}{\sqrt{\pi\nu}\,\Gamma\left(\frac{\nu}{2}\right)}$$

ここで，${}_2F_1$ は超幾何関数とよばれる関数です．

---

* ガンマ関数とは，階乗の概念を一般化した特殊関数です．

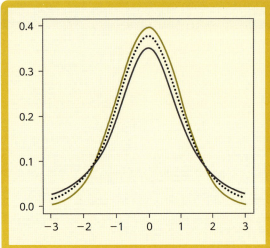

図 2.21.1 *t* 分布の確率密度関数のグラフ

縦軸は発生確率，横軸は変数 *x* の値を示しています．黒実線は自由度 *df* = 2 の *t* 分布，破線は自由度 *df* = 5 の *t* 分布，オレンジ線は正規分布を示しています．*t* 分布の自由度が増加するにしたがい正規分布に近づくことが確認できます．

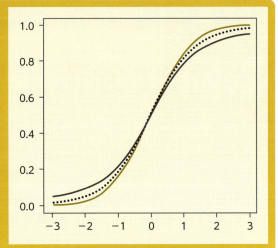

図 2.21.2 *t* 分布の累積分布関数のグラフ

縦軸は累積確率，横軸は変数 *x* の値を示しています．こちらも黒実線は自由度 *df* = 2 の *t* 分布，破線は自由度 *df* = 5 の *t* 分布，オレンジ線は正規分布を示しています．*t* 分布の自由度が増加するにしたがい正規分布に近づくことが確認できます．

期待値（平均），分散

t 分布の期待値（平均）$E(x)$ および分散 $V(x)$ はそれぞれ以下の式のようになります．

$$E(x) = 0 \,(\mu > 1)$$

$$V(x) = \frac{\nu}{\nu - 2} \,(\mu > 2)$$

グラフ

t 分布の確率密度関数は**図 2.21.1** のように，累積分布関数は**図 2.21.2** のようにグラフ表示されます．黒実線は自由度 ν が 2 の t 分布，点線は自由度 ν が 5 の t 分布，オレンジ線は標準正規分布です．**図 2.21.1** により，自由度の低い t 分布は標準正規分布よりも少し裾の広い分布を示す傾向があることが確認できます．このように，自由度が小さいほど，標準正規分布からのずれが大きくなります．

R によるグラフ作成

図 2.21.1 の確率密度関数のグラフは，R を用いて以下のコードで描けます（**curve()** を入力するたびにグラフが一本ずつ増えていきます）．

```
> par(ann=F)
> curve(dnorm(x,0, 1), from=-3, to=3, type="l",ylim=c(0,0.4),lty=2)
> par(new=T)
> curve(dt(x, df=2), from=-3, to=3, type="l",ylim=c(0,0.4))
> par(new=T)
> curve(dt(x, df=5), from=-3, to=3, type="l",ylim=c(0,0.4),lty=3)
```

図 **2.21.2** の累積分布関数のグラフは以下のコードで描けます．

```
> par(ann=F)
> curve(pnorm(x,0, 1), from=-3, to=3, type="l",ylim=c(0,1),lty=2)
> par(new=T)
> curve(pt(x, df=2), from=-3, to=3, type="l",ylim=c(0,1))
> par(new=T)
> curve(pt(x, df=5), from=-3, to=3, type="l",ylim=c(0,1),lty=3)
```

第2章 データの表現方法 | 代表的な連続型確率分布

2.22 カイ二乗分布

生物学的な意義，研究との接点

観測データの分布が理論値の分布にしたがうかどうかを検定する手法であるカイ二乗検定の統計量 X^2（カイ二乗統計量）のしたがう分布です．生物種の数量的分布など，生物学的データの分布の偏りなどを検定する場合に用いられます．具体例として **3.6** も参照してください．

カイ二乗分布は，独立に標準正規分布にしたがう確率密度関数 $f(x)$ をもつ k 個の確率変数 $X_1, \cdots, X_k$ から構成される以下の統計量 Z がしたがう分布のことです．これを自由度 k のカイ二乗分布とよびます．カイ二乗分布は $Z \sim \chi_k^2$ とも表記することができます．

$$Z = \sum_{i=1}^{k} X_i^2$$

確率密度関数，累積分布関数

カイ二乗分布の確率密度関数は以下の式で表すことができます．ただし，Γ はガンマ関数です[*1]．

$$f(x\,;\,k) = \frac{(1/2)^{k/2}}{\Gamma(k/2)} x^{k/2-1} e^{-x/2} \quad (0 \leq x < \infty)$$

カイ二乗分布の累積分布関数は以下の式で表すことができます．ただし，$\gamma(k, z)$ は不完全ガンマ関数とよばれる関数[*2]です．

$$F(x\,;\,k) = \frac{\gamma(k/2, x/2)}{\Gamma(k/2)}$$

期待値，分散

カイ二乗分布の期待値 $E(x)$ および分散 $V(x)$ は，それぞれ以下の式のようになります．

$$E(x) = k \quad (\mu > 1)$$

$$V(x) = 2k$$

カイ二乗分布はカイ二乗検定を含む多くの検定に利用されます．例えば，以下のような式 Y を考えた場合，これは F 分布（**2.25** 参照）にしたがいます．

[*1] ガンマ関数は，階乗の概念を一般化した特殊関数です．$\Gamma(z) = \int_0^{\infty} t^{z-1} e^{-t} dt$ で表される関数で，z は実部が正であるような複素数です．∞ は積分区間の上限が無限大であることを意味します．

[*2] 不完全ガンマ関数は，ガンマ関数を一般化した特殊関数です．本書の扱う範囲を超えると思われるので，説明は省略します．

$$Y = \frac{X_1/\nu_1}{X_2/\nu_2}$$

ここで，$X_1 \sim \chi^2_{\nu_1}$，$X_2 \sim \chi^2_{\nu_2}$は，はカイ二乗分布にしたがう独立な確率変数です．これは，$Y \sim F(\nu_1, \nu_2)$と表示されることもあります．言い方を変えると，それぞれの確率変数を対応する自由度で割って比をとったものです．F分布は，F検定で帰無仮説にしたがう分布として，分散分析に利用されます（**3.3**，**3.4** 参照）．

また，詳しく説明は示しませんが，カイ二乗分布は，他の確率分布とも密接な関係をもっています．例えば

① カイ二乗分布はガンマ分布（**2.23** 参照）の特殊な例にあたります．

② 自由度2のカイ二乗分布 $X \sim \chi^2_2$ は，期待値2の指数分布（**2.20** 参照）にしたがいます．つまり，指数分布の特殊な例でもあります．

③ さらに，$X \sim N(0,1)$で表現される確率変数Xが存在し，それと独立の自由度kのカイ二乗分布 $Y \sim \chi^2(k)$ にしたがう確率変数Yが存在するとします．このとき，XおよびYからなる新たな以下の確率変数Tは自由度kのt分布にしたがいます．ステューデントのt検定はこの統計量を用いて実施します．

$$T = \frac{X}{\sqrt{\dfrac{Y}{k}}} \sim t(k)$$

グラフ

カイ二乗分布の確率密度関数は**図 2.22.1** のように，累積分布関数は**図 2.22.2** のようにグラフで表示できます．このグラフの分布では，自由度kの値は，それぞれ黒実線で1，オレンジ線で2，点線で4となっています．

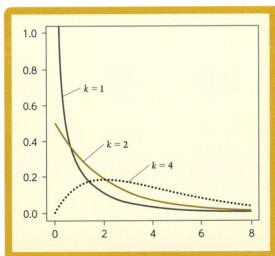

図 2.22.1 カイ二乗分布の確率密度関数のグラフ
縦軸は出現確率，横軸は変数xの値を示しています．自由度$k = 1, 2, 4$と増えるにしたがい正規分布に近づくことが確認できます．

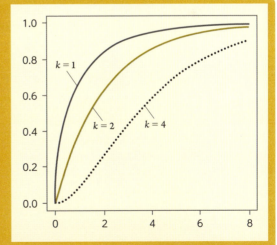

図 2.22.2 カイ二乗分布の累積分布関数のグラフ
縦軸は累積確率，横軸は変数xの値を示しています．こちらも自由度kの値が増えるにしたがい正規分布に近づくことが確認できます．

図2.22.1から，自由度kがどのような値であっても，前述の統計量Zの値が大きくなればその確率が低くなる傾向にあります．カイ二乗検定は，その傾向とのずれでもって，統計的仮説検定を行います．

Rによるグラフ作成

図2.22.1の確率密度関数のグラフは，Rを用いて，以下のコードで描けます（**curve()**を入力するたびにグラフが一本ずつ増えていきます）．

```
> par(ann=F)
> curve(dchisq(x,1), from=0, to=8, type="l",ylim=c(0,1))
> par(new=T)
> curve(dchisq(x,2), from=0, to=8, type="l",ylim=c(0,1),lty=2)
> par(new=T)
> curve(dchisq(x,4), from=0, to=8, type="l",ylim=c(0,1),lty=3)
```

図2.22.2の累積分布関数のグラフは以下のコードで描けます．

```
> par(ann=F)
> curve(pchisq(x,1), from=0, to=8, type="l",ylim=c(0,1))
> par(new=T)
> curve(pchisq(x,2), from=0, to=8, type="l",ylim=c(0,1),lty=2)
> par(new=T)
> curve(pchisq(x,4), from=0, to=8, type="l",ylim=c(0,1),lty=3)
```

2.23 ガンマ分布

生物学的な意義，研究との接点

ガンマ分布は，階乗の概念を一般化したガンマ関数をもとにつくられた確率分布です．指数分布（2.20 参照）を一般化した分布でもあり，レトロウイルスの潜伏期間や保険金支払額のモデル化などに用いられます．

ガンマ分布は，形状母数 k と尺度母数 θ の2つのパラメータで特徴づけられる連続型確率分布の一種です．わかりやすく述べれば，ある事象の起こる待ち時間を表す関数で，指数関数をより一般化したものと考えることができます．生物学においては，ウイルスの潜伏期間や，塩基配列やアミノ酸配列の置換頻度のモデル化に用いられ，これを利用して最尤法による系統樹作成に用いられます．

確率密度関数，累積分布関数

ガンマ分布の確率密度関数は，形状母数 $k>0$，尺度母数 $\theta>0$ を用いて以下のように定義されます．

$$f(x) = x^{k-1} \frac{e^{-x/\theta}}{\Gamma(k)\theta^k} \quad (x>0)$$

ここで，Γ はガンマ関数[*1]とよばれる関数です．

ガンマ分布の累積分布関数は以下の式で表すことができます．

$$F(x\,;\,k) = \frac{\gamma(k/2,\, x/2)}{\Gamma(k/2)}$$

ただし，$\gamma(k, z)$ は不完全ガンマ関数[*2]とよばれる関数です．

期待値（平均），分散

ガンマ分布の確率変数を X とするとき，期待値（平均）$E(X)$ および分散 $V(X)$ は次のように表されます．

$$E(X) = k\theta$$
$$V(X) = k\theta^2$$

グラフ

ガンマ分布の確率密度関数は図 **2.23.1** のように，累積分布関数は図 **2.23.2** のようにグラフで表示

[*1] ガンマ関数は，階乗の概念を一般化した特殊関数です．$\Gamma(z) = \int_0^\infty t^{z-1}e^{-t}dt$ で表される関数で，z は実部が正であるような複素数です．∞ は積分区間の上限が無限大であることを意味します．

[*2] 不完全ガンマ関数は，ガンマ関数を一般化した特殊関数です．本書の扱う範囲を超えると思われるので，説明は省略します．

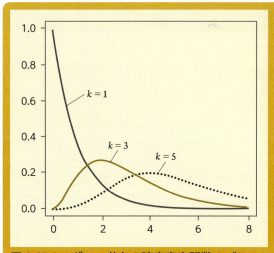

図 2.23.1　ガンマ分布の確率密度関数のグラフ
縦軸は出現確率，横軸は変数 x の値を示します．形状母数 $k = 1, 3, 5$ と増えるにしたがい正規分布に近づくことが確認できます．

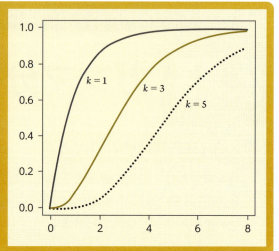

図 2.23.2　ガンマ分布の累積分布関数のグラフ
縦軸は累積確率，横軸は変数 x の値を示します．こちらも形状母数 k の値が増えるにしたがい正規分布に近づくことが確認できます．

されます．この図の分布では，パラメータの尺度母数をデフォルトの 1 とし，形状母数 k の値は，それぞれ黒実線で 1，オレンジ線で 3，点線で 5 となっています．

Rによるグラフ作成

図 **2.23.1** の確率密度関数のグラフは，R を用いて以下のようにして描けます（**curve()**を入力するたびにグラフが一本ずつ増えていきます）．

```
> par(ann=F)
> curve(dgamma (x,shape=1), from=0, to=8, type="l",ylim=c(0,1))
> par(new=T)
> curve(dgamma (x, shape=3), from=0, to=8, type="l",ylim=c(0,1),lty=2)
> par(new=T)
> curve(dgamma (x, shape=5), from=0, to=8, type="l",ylim=c(0,1),lty=3)
```

図 **2.23.2** の累積分布関数のグラフは以下のコードで描けます．

```
> par(ann=F)
> curve(pgamma (x,shape=1), from=0, to=8, type="l",ylim=c(0,1))
> par(new=T)
> curve(pgamma (x, shape=3), from=0, to=8, type="l",ylim=c(0,1), lty=2)
> par(new=T)
> curve(pgamma (x, shape=5), from=0, to=8, type="l",ylim=c(0,1), lty=3)
```

2.24 ベータ分布

生物学的な意義，研究との接点

ベータ関数という関数によって導かれる分布で，順序統計量を表したり，ベイズ推定（補遺❶.4 参照）を行う際の事前分布に用いられます．生物現象を直接とらえるのではなく，生物データを扱う数値計算アルゴリズムのツールとして位置づけられる分布です．

ベータ分布は，互いに独立で同一の連続一様分布 $U(0, 1)$ にしたがう $\alpha+\beta-1$ 個の確率変数 X_i ($1 < i < \alpha+\beta-1$) が存在する場合に，これを大きさの順に並べ替え，小さいほうから α 番目の確率変数 X_α がしたがう確率分布です．多くの確率分布のベースになる分布です．例えば，生物学的な用途としては，ベイズ推定の際の事前分布として用いられることの多い分布です．順序統計量を表すときのツールとしても使われます．

確率密度関数

ベータ分布は，パラメータとして，α および β の2つの形状母数（ともに正の実数）をとり，以下の確率密度関数で定義される連続型確率分布です．確率分布は $0 \leq x \leq 1$ の範囲をとります．

$$f(x) = \frac{x^{\alpha-1}(1-x)^{\beta-1}}{B(\alpha, \beta)}$$

ここで，右辺の分母の B はベータ関数です．ベータ関数とは任意の2つの正実数 α, β に対し $B(\alpha, \beta) = \int_0^1 x^{\alpha-1}(1-x)^{\beta-1} dt$ で表される関数です．

α および β がともに1の場合 $f(x) = 1$ となり，連続型一様分布となります．つまり，連続型一様分布はベータ分布の特殊例であるということになります．

期待値（平均），分散

指数分布の期待値（平均）$E(x)$ および分散 $V(x)$ はそれぞれ以下のようになります．

$$E(X) = \frac{\alpha}{\alpha+\beta}$$

$$V(X) = \frac{\alpha\beta}{(\alpha+\beta)^2(\alpha+\beta+1)}$$

グラフ

ベータ分布の確率密度関数は図 **2.24.1** のように，累積分布関数は図 **2.24.2** のようにグラフ表示されます．この図の分布では，α, β の値を変化させて表示しており，それぞれ黒実線で(1, 1)，オレン

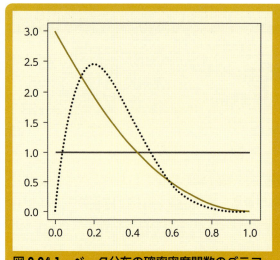

図 2.24.1　ベータ分布の確率密度関数のグラフ
形状母数 α, β を変化させた場合のベータ分布の確率密度関数のグラフです．縦軸は出現確率 $P(X=k)$，横軸は変数 X の値を示しています．α, β の値は，黒実線で$(1, 1)$，オレンジ線で$(1, 3)$，点線で$(2, 5)$と変化させています．

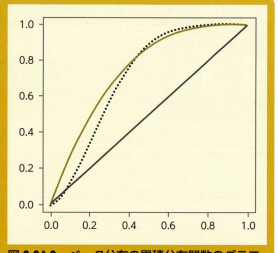

図 2.24.2　ベータ分布の累積分布関数のグラフ
形状母数 α, β を変化させた場合のベータ分布の累積分布関数のグラフです．縦軸は出現確率 $P(X=k)$，横軸は変数 X の値を示しています．こちらも α, β の値は，黒実線で$(1, 1)$，オレンジ線で$(1, 3)$，点線で$(2, 5)$と変化させています．

ジ線で$(1, 3)$，点線で$(2, 5)$となっています．

Rによるグラフ作成

図 2.24.1 の確率密度関数のグラフは以下のコードで描けます（**curve()**を入力するたびにグラフが一本ずつ増えていきます）．

```
> par(ann=F)
> curve(dbeta (x,1,1), from=0, to=1, type="l",ylim=c(0,3))
> par(new=T)
> curve(dbeta (x,1,3), from=0, to=1, type="l",ylim=c(0,3), lty=2)
> par(new=T)
> curve(dbeta (x, 2,5), from=0, to=1, type="l",ylim=c(0,3),lty=3)
```

図 2.24.2 の累積分布関数のグラフは以下のコードで描けます．

```
> par(ann=F)
> curve(pbeta (x,1,1), from=0, to=1, type="l",ylim=c(0,1))
> par(new=T)
> curve(pbeta (x,1,3), from=0, to=1, type="l",ylim=c(0,1), lty=2)
> par(new=T)
> curve(pbeta (x, 2,5), from=0, to=1, type="l",ylim=c(0,1),lty=3)
```

2.25 F分布

生物学的な意義，研究との接点

分散の大きさを基準に各実験群の平均の違いなどを調べる検定方法に分散分析というものがあります．その分散分析において用いられる検定統計量 F がしたがう確率分布として F 分布が知られています．具体例としては，**3.4** を参照してください．

確率密度関数

F 分布の確率密度関数は，2つの独立な確率変数 X と Y の自由度を n_1, n_2 とした場合に，以下の式で表現されます．ここで，B はベータ関数です．

$$f_{n_1,n_2}(x) = \frac{1}{B(n_1/2,\, n_2/2)} \left(\frac{n_1}{n_2}\right)^{n_1/2} \frac{x^{(n_1-2)/2}}{(1+n_1 x/n_2)^{(n_1+n_2)/2}}$$

分散分析において，F 分布は F 検定で帰無仮説にしたがう分布として利用されます．

期待値（平均），分散

F 分布の期待値（平均）$E(x)$ および分散 $V(x)$ はそれぞれ以下のようになります．

$$E(x) = \frac{n_2}{n_2 - 2} \quad (n_2 > 2)$$

$$V(x) = \frac{2n_2^2(n_1 + n_2 - 2)}{n_1(n_2 - 2)^2(n_2 - 4)} \quad (n_2 > 4)$$

グラフ

F 分布の確率密度関数は**図 2.25.1** のように，累積分布関数は**図 2.25.2** のようにグラフ表示されます．この図の分布では，α, β の値を変化させており，それぞれ黒実線で $(1, 5)$，オレンジ線で $(5, 20)$，点線で $(20, 5)$ となっています．

Rによるグラフ作成

図 **2.25.1** の確率密度関数のグラフは以下のように入力すると描けます．

```
> par(ann=F)
> curve(df (x,1,5), from=0, to=2, type="l",ylim=c(0,2))
> par(new=T)
```

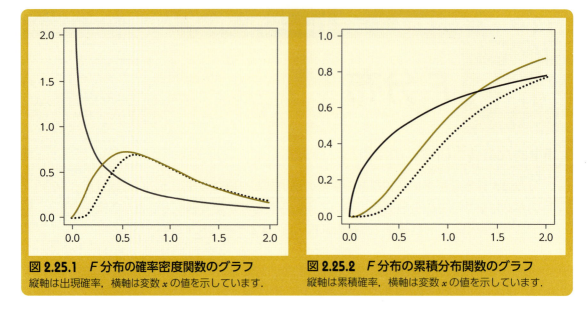

図 2.25.1 F 分布の確率密度関数のグラフ
縦軸は出現確率，横軸は変数 x の値を示しています．

図 2.25.2 F 分布の累積分布関数のグラフ
縦軸は累積確率，横軸は変数 x の値を示しています．

```
> curve(df (x,5,20), from=0, to=2, type="l",ylim=c(0,2), lty=2)
> par(new=T)
> curve(df (x,20,5), from=0, to=2, type="l",ylim=c(0,2), lty=3)
```

図 **2.25.2** の累積分布関数のグラフは以下のように入力すると描けます．

```
> par(ann=F)
> curve(pf (x,1,5), from=0, to=2, type="l",ylim=c(0,1))
> par(new=T)
> curve(pf (x,5,20), from=0, to=2, type="l",ylim=c(0,1), lty=2)
> par(new=T)
> curve(pf (x,20,5), from=0, to=2, type="l",ylim=c(0,1),lty=3)
```

2.26 ロジスティック分布

生物学的な意義，研究との接点

ロジスティック分布は生物の増加のモデル（シグモイド曲線）として使われる他，比率分布などいろいろな変動分布のモデルとして使われます．連続型確率分布の1つで累積分布関数が人口増加を説明するモデルとして考案されたロジスティック関数にしたがいます．累積分布関数はシグモイド型をしています．正規分布に似ていますが，確率密度関数は，正規分布と比較して裾が長くなる傾向にあります．

ロジスティック式は，人口増加を説明するモデルとして考案された以下のような式です．

$$\frac{dN}{dt} = r\left(\frac{K-N}{K}\right)N$$

N は個体数，K は環境の個体収容能力，r は（相対）内的増加率です．これは微分方程式となっておりその解がロジスティック関数です．

確率密度関数，累積分布関数

ロジスティック分布の確率密度関数は，以下の式で表されます．

$$f(x\,;\mu,s) = \frac{e^{-\frac{x-\mu}{s}}}{s\left(1+e^{-\frac{x-\mu}{s}}\right)^2} = \frac{1}{4s}\operatorname{sech}^2\left(\frac{x-\mu}{2s}\right)$$

分布を決定するのに必要な2つのパラメータである位置母数 μ と尺度母数 s を含み，μ は平均値に相当します．s は分散によって決まる値です．また，sech とは双曲線関数とよばれるものです（**図 2.26.1**）．

ロジスティック分布の累積分布関数は，以下の式で表されます．

$$F(x\,;\mu,s) = \frac{1}{1+e^{-\frac{x-\mu}{s}}} = \frac{1}{2} + \frac{1}{2}\tanh\left(\frac{x-\mu}{2s}\right)$$

ここで，tanh は，前述の sech と同様に双曲線関数とよばれるものです．この関数のグラフ（**図 2.26.2**）がシグモイド曲線となります．これは一般に微生物や培養細胞などの増殖曲線や人口増加を反映している曲線です．その他，生態学における特定の生物群の個体数増減などの予測にも応用されます．

期待値（平均），分散

F 分布の期待値（平均）$E(x)$ および分散 $V(x)$ はそれぞれ以下の式のようになります．

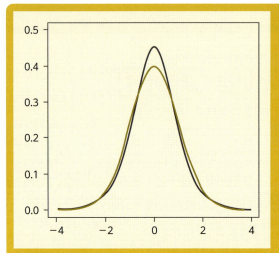

図 2.26.1　ロジスティック分布の確率密度関数のグラフ

ロジスティック分布 (黒実線)，標準正規分布 (オレンジ線) の確率密度関数のグラフを重ねて表示したものです．両者は非常によく似ていますが，微妙に違いがあることがわかります．縦軸は出現確率，横軸は変数 x の値を示します．

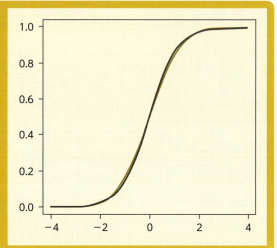

図 2.26.2　ロジスティック分布の累積分布関数のグラフ

ロジスティック分布 (黒実線)，標準正規分布 (オレンジ線) の累積分布関数のグラフを重ねて表示したものです．こちらも両者は非常によく似ていますが，微妙に違いがあることがわかります．縦軸は累積確率，横軸は変数 x の値を示します．

$$E(x) = \mu$$

$$V(x) = \frac{s^2 \pi^2}{3}$$

グラフ

ロジスティック分布の確率密度関数は**図 2.26.1** のように，累積分布関数は**図 2.26.2** のようにグラフ表示されます．これらの図の黒実線はロジスティック分布，オレンジ線は標準正規分布です．

R によるグラフ作成

図 2.26.1 の確率密度関数のグラフは以下のようにして描けます（**curve()** と入力するたびにグラフが一本ずつ増えます）．

```
> par(ann=F)
> curve(dlogis (x, scale=sqrt(3)/pi), from=-4, to=4, type="l",ylim=c(0, 0.5))
> par(new=T)
> curve(dnorm(x,0,1), from=-4, to=4, type="l",ylim=c(0,0.5),lty=2)
```

図 2.26.2 の累積分布関数のグラフは以下のようにして描けます．

```
> par(ann=F)
> curve(plogis (x, scale=sqrt(3)/pi), from=-4, to=4, type="l",ylim=c(0,1))
> par(new=T)
> curve(pnorm(x,0,1), from=-4, to=4, type="l",ylim=c(0,1),lty=2)
```

第2章 データの表現方法

2.27 大数の法則

生物学的な意義，研究との接点

十分な標本数の集団からデータを抽出して調べると，その集団内での平均などの測定値はその標本の属する真の平均値（母平均）などに近づいていくという傾向があります．これは，その他の代表値，統計値においても同様です．これを，「大数の法則」といいます．

これは生物学的な解析においてもあてはまり，その反復回数が多いほど，その統計的確率が理論上の確率に近づいていきます．何らかの測定を行う際の前提条件として，反復回数が多いほどその平均値などのパラメータが正確になるということの根拠として用いられます．

大数の法則をイメージしやすくするため，コイン投げの例で説明します．例えば，表が出る確率が50%であるコインがある場合，これを n 回投げるとします．このとき，試行回数 n が小さいうちは，「n 回投げたコインが表になる割合」は50%にならないこともありますが，何百回，何千回とコインを投げ続け，試行回数 n が大きくなると，その割合が50%に近づいていく傾向がみられます．これが大数の法則です．

Rによるシミュレーション

ここで，Rを用いて，大数の法則をシミュレーションします．0.0〜1.0の間で発生させた一様乱数を，10個，100個，…，1,000,000個と発生させ，その数値の発生頻度をヒストグラムで表示します（以下のコードで hist() と入力するたびにヒストグラムが1つずつ表示されます）．そうすると，少ない発生数では個々の観測値の分布のばらつきが大きく連続型一様分布＊からはほど遠いですが，100個，…，1,000,000個と数が増えるにつれてばらつきが小さくなり，その頻度分布が連続型一様分布に近づいていくことが観察されます（**図 2.27.1**）．

```
> par(mfrow=c(2,3))
> hist(runif(10))        ← 一様乱数を10回発生させた場合のヒストグラム
> hist(runif(100))       ← 一様乱数を100回発生させた場合
> hist(runif(1000000))   ← 一様乱数を1,000,000回発生させた場合
```

＊ 一様乱数とは一様分布にしたがう乱数のことです．

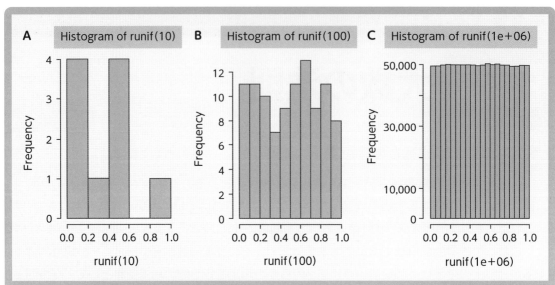

図 2.27.1　一様乱数を用いた大数の法則のシミュレーション
縦軸は発生頻度，横軸は階級を示しています．**A)** 乱数発生数 10 個のヒストグラム，**B)** 乱数発生数 100 個のヒストグラム，**C)** 乱数発生数 1,000,000 個のヒストグラム．乱数を用いているので，グラフの形は計算するごとに変化します．

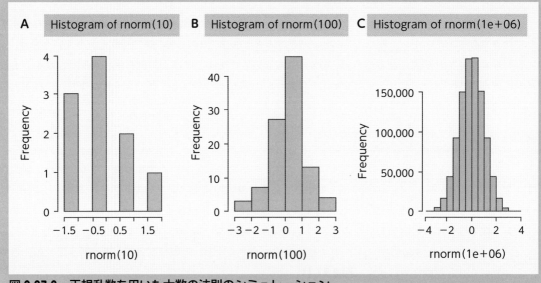

図 2.27.2　正規乱数を用いた大数の法則のシミュレーション
縦軸は発生頻度，横軸は階級を示しています．**A)** 乱数発生数 10 個のヒストグラム，**B)** 乱数発生数 100 個のヒストグラム，**C)** 乱数発生数 1,000,000 個のヒストグラム．乱数を用いているので，グラフの形は計算するごとに変化します．

同様のことは，以下のようなコードにより正規分布にしたがう乱数（正規乱数）を発生させた場合も，確認できます（**図 2.27.2**）．

```
> par(mfrow=c(2,3))
> hist(rnorm(10))      ←—— 正規乱数を 10 回発生させた場合のヒストグラム
> hist(rnorm(100))     ←—— 正規乱数を 100 回発生させた場合
```

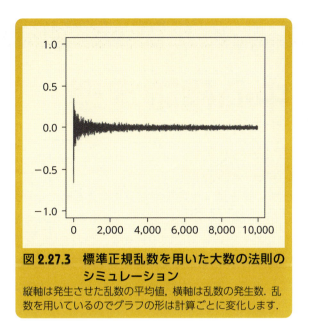

図 2.27.3　標準正規乱数を用いた大数の法則のシミュレーション
縦軸は発生させた乱数の平均値，横軸は乱数の発生数．乱数を用いているのでグラフの形は計算ごとに変化します．

```
> hist(rnorm(1000000))     ← 正規乱数を 1,000,000 回発生させた場合
```

弱法則と強法則

　大数の法則は，大数の弱法則と大数の強法則に区別されています．大数の弱法則は，求めた標本平均が母集団の平均値と一致する確率が増えていくことをいいます．すなわち，母集団の平均の正解値をいいあてる確率が大きくなることをいいます．大数の強法則は，標本平均の平均値そのものが母集団の平均に近づいていくことをいいます．さらに，**図 2.27.3** は，標準正規分布にしたがう乱数を 1 個から 10,000 個発生させたものの平均値をプロットしたもので，以下のコードを入力することにより描けます．これにより，サンプルサイズの増加によって平均がゼロに近づいていっており，大数の強法則が確認できます．

```
> par(ann=F)
> mnorm <- function(x) mean(rnorm(x))
> x <- 1: 10000
> y <- lapply(x, mnorm)
> plot(unlist(y),pch=20,type="l",ylim=c(-1,1))
> dev.copy(png, file="2-28-1.png")
```

第2章 データの表現方法

2.28 中心極限定理

生物学的な意義，研究との接点

どんな確率分布でも，標本数 n を増加させて平均をとると正規分布になります．いいかえれば，互いに独立で同一の確率分布にしたがう確率変数がある場合，標本平均の分布は，標本数が増加するにつれて正規分布に収束します．これを<u>中心極限定理</u>といいます．

生物学的測定においても，標本数が多いとその確率分布が正規分布に近づいていくということがわかっています．生物学的測定ではこれを前提に検定が行われます．

平均が m，標準偏差が σ の確率分布があると仮定します．その変数 n 個の標本平均の分布は標本数 n が大きくなると，平均が m，標準偏差が $\sigma/\sqrt{n}$ の正規分布をもつようになります．n が大きくなるにつれて標準偏差が小さくなるので，この正規分布は m で大きなピークをもつようになります．以下，R を用いてこれを検証してみます．

R による検証

図 **2.28.1** に，自由度 4 のカイ二乗分布（**2.22** 参照）を用いて検証した結果を示します．カイ二乗分布にしたがう乱数をそれぞれ 1～10 個，1～50 個，1～100 個，1～1,000 個と発生させ，各発生集団での観測値の平均値をとり，ヒストグラムにプロットしました（以下のコードで **hist()** と入力するたびにヒストグラムが 1 つずつ表示されます）．n が大きくなるにつれて標準偏差が小さくなり，m で大きなピークをもつ正規分布になることが確認できます．

```
> par(mfrow=c(2,2))
> mdis <- function(x) mean(rchisq(x,df=4))
> x <- 1: 10
> y <- lapply(x, mdis)
> hist(unlist(y),breaks=10,main="n=10",xlim=c(1,10),xlab="")
> mdis <- function(x) mean(rchisq(x,df=4))
> x <- 1: 50
> y <- lapply(x, mdis)
> hist(unlist(y),breaks=50,main="n=50",xlim=c(1,10),xlab="")
> mdis <- function(x) mean(rchisq(x,df=4))
> x <- 1: 100
> y <- lapply(x, mdis)
```

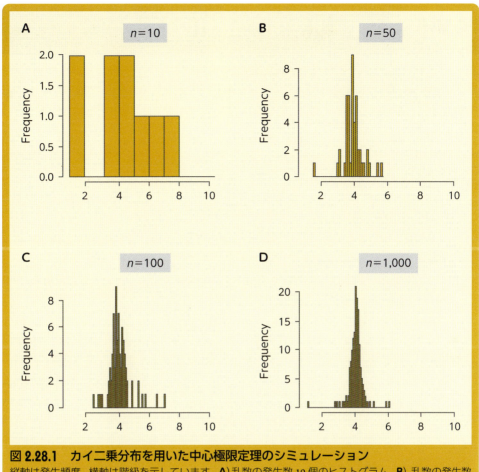

図 2.28.1　カイ二乗分布を用いた中心極限定理のシミュレーション
縦軸は発生頻度，横軸は階級を示しています．**A**) 乱数の発生数 10 個のヒストグラム，**B**) 乱数の発生数 50 個のヒストグラム，**C**) 乱数の発生数 100 個のヒストグラム，**D**) 乱数の発生数 1,000 個のヒストグラム．乱数を用いているので，グラフの形は計算するごとに変化します．

```
> hist(unlist(y),breaks=100,main="n=100",xlim=c(1,10),xlab="")
> mdis <- function(x) mean(rchisq(x,df=4))
> x <- 1:1000
> y <- lapply(x, mdis)
> hist(unlist(y),breaks=1000,main="n=1000",xlim=c(1,10),xlab="")
```

第2章 参考文献～Rを用いた統計の入門書

Rによる統計入門，統計グラフィックスを中心に参考にしている本をリストアップしました．Rの書籍はたくさんあるので，いろいろあたってみて自分に合うレベルのものをみつけるのもいいかもしれません．

1)「Rによるやさしい統計学」(山田剛史，他/著)，オーム社，2008
2)「The R Tips 第3版 データ解析環境Rの基本技・グラフィックス活用集」(舟尾暢男/著)，オーム社，2016
3)「Rで学ぶデータサイエンス12 統計データの視覚化」(金 明哲/編，山本義郎，他/著)，共立出版，2013
4)「工学のための数学3 工学のためのデータサイエンス入門 フリーな統計環境Rを用いたデータ解析」(間瀬 茂，他/著)，数理工学社，2004
5)「Rによる統計解析」(青木繁伸/著)，オーム社，2009
6)「Rグラフィックス Rで思いどおりのグラフを作図するために」(Paul Murrell/著，久保拓弥/訳)，共立出版，2009
7)「Rグラフィックスクックブック ggplot2によるグラフ作成のレシピ集」(Winston Chang/著，石井弓美子，他/訳)，オライリージャパン，2013

第3章

検定と回帰分析

　本章では，統計の応用で最もよく使われる検定と，回帰分析について述べています．

　検定は，確率論（確率分布）を用いて，平均値の差や分布に有意差があるかどうかを検定します．平均値の差の検定には，ステューデントの t 検定，ウェルチの t 検定など正規分布を前提とするパラメトリック検定と，マン・ホイットニーの U 検定など正規分布を前提としないノンパラメトリック検定があります．

　回帰分析は，説明変数から従属変数を求める数式モデルを作成することです．説明変数が1個の数式モデルを求めることを単回帰分析といい，説明変数が複数個の数式モデルを求めることを重回帰分析といいます．

　ロジスティック回帰分析およびコックス比例ハザード回帰分析などの複雑な回帰分析も，それぞれ対数尤度およびハザード比の対数に変換した従属変数を用いた線形回帰分析です．

第3章 検定と回帰分析

3.1 有意差の検定

生物学的な意義，研究との接点

生物学において，2つの集団（群）の属性（平均値など）に差があるかということを評価するのに有意差検定を用います．例えば，ある薬剤を投与したときの，健常群と疾患群の遺伝子発現などの応答性を評価する場合などです．通常 p 値を用いてその差に有意差があるかを判定します．したがって研究の結果を評価する際に重要な意味をもちます．有意差検定は大きくパラメトリック検定とノンパラメトリック検定の2つに分かれ，生物学でよく用いられる t 検定はパラメトリック検定に含まれます．これらは確率論的に論じられるため，第2章で述べた確率分布の概念を理解しておくことが重要となります．

有意差検定の行程

統計学では，例えば2つの群の平均値に差があることを判定する場合に，確率論にもとづいて判定します．これが，有意差検定です．

すなわち，有意差検定を行う場合，判定したい結果（ここでは，「2つの群の平均値に差がある」という結果）を否定する結果をまず仮定します〔ここでは，「2つの群の平均値に差がない」という結果〕．これを帰無仮説とよびます（H_0 と記述されます）．一方，判定したい結果は対立仮説とよびます（H_1 と記述されます）．

ここで，帰無仮説が成り立つかどうかを判定する数値（統計量）を設定します．例えば，t 検定では，2つの群の平均値の差を統計量とします（これが T 統計量です．ただし，この T 統計量は通常自由度で補正がされています）．そして，その T 統計量をいろいろ変化させた場合に，各 T 統計量の出現する確率分布を求めます（図 3.1.1）．ここで，検定したいある2群の T 統計量である t 値を求めた場合に，この t 値の出現する確率が，あらかじめ設定しておいた確率（α）より小さい場合（棄却域に落ちた場合）に t 値は帰無仮説が成立しえない確率であったと判定し，帰無仮説を棄却し対立仮説を採択します．このとき，2群の平均値は α の有意水準で有意差ありというようないい方をします．

通常，有意水準 α は 0.05 ないし，0.01 がとられることが多いようです．α が 0.05 であるということは，20回の試行のうち 19回より大きい頻度で帰無仮説が棄却されるということを意味します．

パラメトリック検定

2群の母集団平均を比較したいときには，**3.2** で述べる t 検定が用いられます．t 検定は，データが正規分布にしたがっていることが前提になっています（正規分布にしたがわない分布に t 検定を適用すると一般的に偽陽性率が高くなります）．このように，あらかじめ統計量 T を計算するためにその

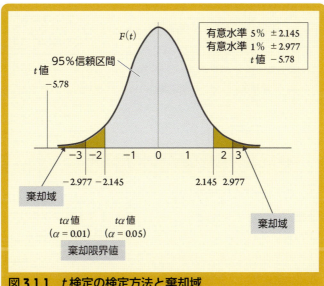

図 3.1.1　t 検定の検定方法と棄却域
検定したいある統計量である t 値を求めた場合に，この t 値の出現する確率が，あらかじめ設定しておいた確率（α）より小さい場合（図では，色のついた棄却域に落ちた場合）に，t 値は帰無仮説が成立しえない確率であったと判定し，帰無仮説を棄却し，対立仮説を採択します．通常，有意水準 α は 0.05 ないし，0.01 がとられることが多いようです．

統計量がしたがう分布が明らかになっており，母集団の分布がある特定の分布（通常は正規分布）にしたがうことがわかっているデータに対して行う検定法のことをパラメトリック検定といいます．スチューデントの t 検定は，さらに 2 つの群の分散が等しいことが仮定されています．2 つの群の分散が等しくないときに用いる検定には，ウェルチの t 検定があります．単にデータ件数が同数であるだけでなく第 1 群のデータと第 2 群のデータの間に対応がある場合（例えば，同じ患者で血糖値と HbA1c を測定した複数患者のリストなど）は，「対応のある場合の t 検定」を用いることができます．一方，2 群のデータ相互の間に個別の対応がない場合は「対応のない場合の t 検定」を用います．対応のない t 検定では，単に異なる個人からなる比較する集団同士の平均の差のみを議論しますが，対応のある t 検定では，同一患者における値の差（変動）や対応をみているために誤差の変動が小さくなり，信頼区間の幅が狭くなり，それだけ確実に真の値を推測できるようになります．したがって，対応のある t 検定では，有意差を見出す検出力が大きくなります．

ノンパラメトリック検定

データが正規分布をするというような前提を設けないで行う検定のことをノンパラメトリック検定といい，検定統計量に順位尺度などが用いられます．ノンパラメトリック検定には，マン・ホイットニーの U 検定（ウィルコクソンの順位和検定），ウィルコクソンの符号順位検定などがあります（**図 3.1.2**）．

ノンパラメトリック検定は，特定の分布を仮定しないために標本中に他の観測値から飛び離れた値と思われる異常値（はずれ値，outlier）が含まれているような場合でも正しい検定を与えることがで

正規分布にしたがう場合	→	パラメトリック検定
・等分散の場合	→	ステューデントの t 検定
・等分散でない場合	→	ウェルチの t 検定
正規分布にしたがわない場合	→	ノンパラメトリック検定
・対応のない検定	→	マン・ホイットニーの U 検定 （ウィルコクソンの順位和検定）
・対応のある検定	→	ウィルコクソンの符号順位検定

図 3.1.2　平均値の差の検定の使い分け

きるいわゆる頑健（robust）な検定法です．一方で，パラメトリック検定に比べて検出力が弱く，帰無仮説を棄却できるのにもかかわらず帰無仮説を採用してしまう確率が高くなるという欠点があります．すなわち，有意差を出すためにはパラメトリック検定に比べて多くの標本数または反復回数が必要です．このため，データにより適切な検定を選択する必要があります．

第3章 検定と回帰分析　　代表的なパラメトリック検定

3.2　t 検定

生物学的な意義，研究との接点

　t 検定は，2つの群の間の平均値に差があるかを検定する場合によく用いられます．ノンパラメトリック検定などの方法に比べて，検出力が強い反面，はずれ値の影響を受けやすいという特徴があります．前提として，データが正規分布（**2.19** 参照）にしたがっている必要があり，t 検定を行う前にデータが正規分布をしているかを確認する必要があります．t 検定には，ステューデントの t 検定と，ウェルチの t 検定があり，ステューデントの t 検定は比較する群同士が等分散であることが前提です．ウェルチの t 検定は，比較する群同士が等分散である必要はありません．

　生物学での応用としては，血糖値，血中タンパク質濃度，骨密度，遺伝子発現量，細胞の増殖率など，幅広く使われています．

t 検定の考え方

　通常，対応のない2つの群の平均値に差があるかどうかは，2つの群の平均値と標準偏差にもとづいて判定します．このときに用いられる数値（統計量）は t 値とよばれ，以下のような数式で表現します．わかりやすく説明すれば t 値は標準偏差と自由度で補正した両群の平均値の差といえます．

$$t = \frac{\bar{X}_1 - \bar{X}_2}{s\sqrt{\frac{1}{n_1} + \frac{1}{n_2}}}$$

ここで，$\bar{X}_1$，$\bar{X}_2$ はそれぞれの群の平均値，n_1，n_2 はそれぞれの群の標本数，s は両群の分散 s_1^2，s_2^2 から合成した分散です．s は以下の数式で求められます．

$$s = \sqrt{\frac{s_1^2(n_1 - 1) + s_2^2(n_2 - 1)}{n_1 + n_2 - 2}}$$

このとき，t 値は，自由度 $n_1 + n_2 - 2$ の t 分布にしたがいます．有意差があるかどうかを決める確率 α（有意水準）に対し，$|t\alpha|$ 値（有意水準 α のときの t 値：棄却限界値ともいう）が $|t|$ より大きいときに有意差ありと判定します（図 **3.1.1** 参照）．これをステューデント t 検定とよびます．

Rの実施例

　例えば，食事による血糖値の上昇が有意にみられるか確認したいとします．ある人の食前の血糖値

表 3.2.1　R による t 検定のステップ

① 値の入力，統計量の確認
② 正規性の検定（コロモゴロフ・スミノフ検定）
③ 等分散の検定（F 検定）
④ t 検定（ステューデントの t 検定または，ウェルチの t 検定）

（x）を何日かくり返して測ったところ 97.8，93.5，121.1，102.2，107.1，105.4，98.7，92.8 であり，ある人の食後の血糖値（y）を何日かくり返して測ったところ 148.1，141.2，158.5，151.3，165.4，156.6，194.9，168.0 であった場合，R では，**表 3.2.1** のような順番で検定します．データを入力した後，データの平均など要約統計量を確認し，正規性と等分散性を確認した後に適切な検定法を選択して実施します．以下に R のコードを示しながら解説します．

● 1）変数への値の入力

まず，血糖値のデータを以下のように入力します．

```
> x <- c(97.8, 93.5, 121.1, 102.2, 107.1, 105.4, 98.7, 92.8)
> y <- c(148.1, 141.2, 158.5, 151.3, 165.4, 156.6, 194.9, 168.0198)
```

● 2）統計量の確認（平均値などを確認します）

以下のように Summary(x)，Summary(y) と入力すると各種の統計量が計算されて出てきます．

```
> summary(x)
   Min. 1st Qu. Median    Mean 3rd Qu.    Max.
  92.80   96.72  100.40  102.30  105.80  121.10
> summary(y)
   Min. 1st Qu. Median    Mean 3rd Qu.    Max.
  141.2   150.5   157.6   160.5   166.1   194.9
```

● 3）正規分布をしているかの確認（正規性の検定）

正規性の検定は，コロモゴロフ・スミノフ（Kolmogorov-Smirnov）検定がよく用いられます．R では，この頭文字をとって **ks.test()** という名前の関数が用意されており，この検定の帰無仮説は「あるデータが，正規分布をなす」です．p 値（p-value）が大きければ，正規分布であると判断します．

```
> ks.test(x,"pnorm",mean=mean(x),sd=sd(x))     } このように入力します．

    One-sample Kolmogorov-Smirnov test

data:  x
D = 0.17603, p-value = 0.9309
alternative hypothesis: two-sided
```

｝「x」の計算結果
データ x の p 値は 0.9309 で 1 に近い大きな値ですので帰無仮説すなわち，x が正規分布であるという仮説を採択します．

```
> ks.test(y,"pnorm",mean=mean(y),sd=sd(y))    } このように入力します．

    One-sample Kolmogorov-Smirnov test

data:  y                                       } 「y」の計算結果
D = 0.19883, p-value = 0.8531                    データyに関してもxと
alternative hypothesis: two-sided                同様に判断できます．
```

このように正規性が確認された場合は t 検定を行いますが，正規性がない場合には，マン・ホイットニーの U 検定（ウィルコクソンの順位和検定）を行うことになります．

● **4）等分散性の検定（F 検定）**

等分散性は，いわゆる F 検定で確認します（**3.3** に詳しく述べます）．関数 **var.test()** を用います．帰無仮説は，「二群の母分散は等しい」です．以下のようにこの例では，p 値は十分に大きく等分散性が確認できます．なお，F 検定では通常 F 値を1以上とする必要があるため，ここでは var.test (y,x) と入力します．

```
> var.test(y,x)    } このように入力します．

    F test to compare two variances              ────────
                                                  計算結果
data:  y and x
F = 3.2266, num df = 7, denom df = 7, p-value = 0.1451
alternative hypothesis: true ratio of variances is not equal to 1
95 percent confidence interval:
 0.6459843 16.1167381
sample estimates:
ratio of variances
          3.226633
```

ここで，p 値は 0.1451 であり，例えば有意水準 α を 0.05 とすると，その値より大きいので，帰無仮説「二群の母分散は等しい」を採択します．

● **5）t 検定**

いよいよ t 検定です．関数 **t.test()** を用いて検定を行います．等分散の場合，ステューデントの t 検定を行い，引数 **var.equal=T** を追加します．等分散でない場合，ウェルチの t 検定を行い，引数 **var.equal=F** を追加します．以下のように p 値が 0.05 より小さい場合に，有意差が認められると判定されます．p 値が 0.05 より小さいとは，だいたい 20 回のうち 19 回より高い頻度で，帰無仮説（両群の平均値に差がない）が棄却されるという意味です．

```
> t.test(x,y,var.equal=T)     } このように入力します．

 Two Sample t-test                                          │計算結果

data:  x and y
t = -8.7405, df = 14, p-value = 4.816e-07
alternative hypothesis: true difference in means is not equal to 0
95 percent confidence interval:
 -72.45341 -43.90154
sample estimates:
mean of x mean of y
 102.3250  160.5025
```

上記の結果，p 値がきわめて小さい（$4.816\mathrm{e} \times 10^{-7}$）ため X 群と Y 群の平均値は有意に差があると判断します．

ここで，t は検定統計量 t で，df は自由度，p-value はこの検定における p 値です．95 percent confidence interval は 95％信頼区間で，mean は x と y の両群の平均値を示しています．

なお，等分散である場合でもウェルチの t 検定を行うことができます．しかし，等分散の場合，ステューデントの t 検定のほうが検出力（正しく判断できる確率）が高いため，ステューデントの t 検定を実施することをお奨めします．

第3章 検定と回帰分析　代表的なパラメトリック検定

3.3 F検定

生物学的な意義，研究との接点

F 検定は，統計量が F 分布（**2.25** 参照）にしたがうような統計学的検定の総称です．主な例には，①正規分布にしたがっている2つの群の「標準偏差が等しい（つまり分散が等しい）」という帰無仮説の検定と，②正規分布にしたがっている複数の群（標準偏差は等しいと仮定する）で，「平均が等しい」（つまり同じ母集団に由来する）という帰無仮説の検定（分散分析）に用いられます．本項では①の場合を述べ，②の場合は次項 **3.4** で述べます．①の場合は主に t 検定の前段階として等分散性の検定に用いられます．

2つの群（x と y）の分散（S_x^2 および S_y^2）の比を統計量 F とよびます．ただし，その比は以下のように自由度で補正しています．

$$F = \frac{S_x^2/(N_x - 1)}{S_y^2/(N_y - 1)}$$

この F 値は自由度 $N_x - 1$ と $N_y - 1$（N_x と N_y は x と y のそれぞれの標本数）の F 分布にしたがいます．

F 検定では，正規分布をする2つの母集団から抽出した標本にもとづいて，2つの母集団の分散が等しいかどうかを検定します．この場合，2つの正規母集団の分散は未知であるが，平均は既知とします．また抽出する標本の数は異なっても構いません．

まず，F 検定では「2つの母集団 x, y の分散は等しい」という帰無仮説を以下の式のように立てます．

$$H_0 : \sigma_x^2 = \sigma_y^2$$

これに対する対立仮説は，以下のようになります．

$$H_1 : \sigma_x^2 \neq \sigma_y^2 \text{（両側検定）}$$
$$H_1 : \sigma_x^2 > \sigma_y^2 \text{（片側検定，上側検定）}$$
$$H_1 : \sigma_x^2 < \sigma_y^2 \text{（片側検定，下側検定）}$$

ここで，H_0 は帰無仮説を，H_1 は対立仮説を，σ_x^2 は x の分散を，σ_y^2 は y の分散を表します．そして，検定統計量 F を求めます（通常，F 値は1より大きくなるように分子，分母を選択します）．検定統計量 F と棄却限界値 $F\alpha$（設定した有意水準 α における F 値）を比較し，統計量 F が棄却限界値より大の場合，帰無仮説を棄却します（**図 3.3.1**）．R を用いた計算では，測定値を入力すると前項 **3.2** と同様に，F 値（`F`），自由度（`num df` および `denom df`），p 値（`p-value`）が出力されます．

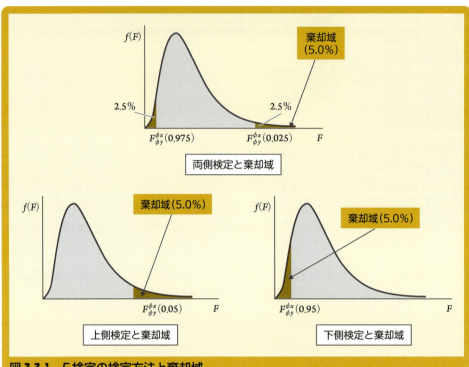

図 3.3.1　F 検定の検定方法と棄却域
検定したい統計量である F 値を求めた場合に，この F 値の出現する確率があらかじめ設定しておいた確率（有意水準 α）より小さい場合（図では，色のついた棄却域に落ちた場合）に，F 値は帰無仮説が成立しえない出現確率であったと判定し，帰無仮説を棄却し対立仮説を採択します．通常，有意水準 α は 0.05 ないし，0.01 がとられることが多いようです（図では 0.05，すなわち 5％）．

Rの実施例

t 検定の前段階としての等分散性の検定について，R での実施例は前項 **3.2** を参照してください．

第3章 検定と回帰分析 | 代表的なパラメトリック検定

3.4 分散分析と多重比較検定

生物学的な意義，研究との接点

通常，「何かと何かの平均値の差が有意であるかどうかを調べたい」場合に，2群の比較の場合は t 検定を用いますが，3群以上になると分散分析（ANOVAともいいます）を用います．3群の平均値に差がみられた場合は，どの群とどの群の平均値に差があるのか判定するため，多重比較検定を行います．すなわち，独立した群が3群以上あるとき，「まず分散分析を行って有意だったら多重比較検定」を行うという手順をとります．医・薬・生物学での例としては，後述する血糖値にも，例えば世代別の骨密度の解析，人種別の運動能力の比較など，さまざまなものが考えられます．

3群以上の比較で2群間で t 検定をくり返すといけないのはなぜか？

3群以上を比較するときに，個別に2群間で t 検定をくり返すことはいけないやり方とされています．それは，例えばA, B, Cの3群がある場合に，A–B間，A–C間，B–C間で，p 値＝0.05 としてステューデントの t 検定（**3.2** 参照）を行った場合には，「少なくとも1つが有意差あり」となる確率は，実質的には $1-(1-0.05)\times(1-0.05)\times(1-0.05)$ で計算され，p 値＝0.14 となってしまうということからで，5％の危険率で検定したつもりが，実質的には危険率が上昇（第一種の過誤[*1]が増大，すなわち偽陽性が増大）し，甘く評価してしまうためです．そこで用いられるのが分散分析（ANOVA）と多重比較検定です．

多重比較検定

多重比較検定は，独立した群が3群以上あるとき，どの群とどの群の平均値に有意差があるかの検定で，2群比較のための t 検定の拡張版です．2群ずつの検定をくり返して比較の数が増加することによる第一種の過誤の増大を調整するために，危険率の補正方法が異なる種々の検定があります．例えば，フィッシャーのPLSD（Fisher PLSD）法，テューキー（Tukey）法，ボンフェローニ（Bonferroni）法，シェッフェ（Scheffe）法などがあり，フィッシャーPLSD法＜テューキー法＜ボンフェローニ法＜シェッフェ法の順に棄却域が小さく，前ほど有意差が出やすく，後ほど有意差が出にくくなります．

[*1]「第一種の過誤」とは，帰無仮説が実際には真であるのに棄却してしまう過誤で α 過誤，偽陽性ともいいます．これに対し，対立仮説が実際には真であるのに帰無仮説を採用してしまう過誤を第二種の過誤（β 過誤，偽陰性）とよびます．俗に α 過誤は「あわてもの」の犯す誤り，β 過誤は，「ぼんやりものの」犯す誤りと語呂合わせで覚えるようにします．

ボンフェローニ（Bonferroni）法

多重比較検定で最も簡単な手法はボンフェローニ法です．検定の多重性を避けるために，検定をくり返した回数で有意水準（α）を割るという非常に簡単な方法で，3群以上の比較に t 検定（差の検定）を行う場合，t 検定で得られた p 値を検定のくり返し数の3で割って補正し，補正後の p 値が $p < 0.0166$（$= 0.05/3$）となれば有意差ありと判断します．ボンフェローニ法による調整は検定を行った回数で調整するだけの簡単な方法で多重比較に活用できるためたいへん便利ですが，調整が厳しくかかりすぎる面があるため，正規分布を仮定する分散分析の場合には，テューキー法などの別の方法が利用されることになります．なお，ボンフェローニ法以外の方法の詳細は本書では取り扱いません．

分散分析と多重比較検定の違い

分散分析と多重比較検定は検定の目的が異なり，分散分析は多群の平均値に差があるかどうかを調べるものでどの群とどの群の平均値に差があるのかまではわかりません．一方の多重比較検定は多群の群間因子を比較し，どの群とどの群の平均値に差があるのかまでを判定します．

多重比較検定で分散分析を前もって行う場合と行わない場合

多くの場合，分散分析で有意差があれば多重比較検定を行うという手順をとりますが，分散分析で有意差が出なくても，多重比較検定で有意差が出ることがあります．

分散分析は F 統計量を用いる検定ですが，一方，多重比較検定には F 統計量を用いる検定法（フィッシャー PLSD 法やシェッフェ法など）と F 統計量を用いない検定法（ボンフェローニ法やテューキー法など）があります．

F 統計量を用いる多重比較の場合は，分散分析で有意差が出なければ多重比較でも有意差は出ないため，前もって分散分析をしなければいけません．一方，F 統計量を用いない多重比較の場合は，分散分析で有意差が出なくても，多重比較で有意差が出ることがあります．3群以上の比較で，特にある群間に注目する場合には，分散分析は用いず最初から多重比較検定を実施しても構いません．

多重比較では，有意でない場合に，その帰無仮説を採択するには慎重でなければならず，「保留する」と表現します．これは，多重比較では比較する群の数が多いと帰無仮説の数が増えて有意になりにくくなるためです．

分散分析の種類

分散分析を行う場合は，正規分布で等分散であり，十分な反復回数が必要です．対応のない t 検定を3群以上に拡張した対応のない分散分析（要因分散分析：factorial ANOVA）と，対応のある t 検定を3群以上に拡張した対応のある分散分析（反復測定分散分析：repeated measures ANOVA）があります（**表 3.4.1**）．分布に偏りがある場合は，ノンパラメトリックな検定法が用いられ，例としてクラスカル・ウォリス検定（要因分散分析），フリードマン検定（反復測定分散分析）などがあります．分散分析は，ある要因によって分類される群が，異なる群であるかを検定するもので，1要因に着目して行う分散分析を一元配置分散分析（One-way ANOVA）とよび，2要因に着目して行う分散分析を二元配置分散分析（Two-way ANOVA）とよびます．

表3.4.1 各検定法と分散分析の使い分け

	パラメトリック検定	ノンパラメトリック検定
対応のない2群の検定	ステューデントのt検定（等分散），ウェルチのt検定（非等分散）	マン・ホイットニーのU検定（ウィルコクリンの順位和検定）
対応のある2群の検定	対応のあるt検定	ウィルコクソンの符号順位検定
対応のない1要因で分類される多群の検定（要因分散分析）	一元配置分散分析（対応なし）	クラスカル・ウォリス検定
対応のある1要因で分類される多群の検定（反復測定分散分析）	一元配置分散分析（対応あり）	フリードマン検定
対応のない2要因で分類される多群の検定（要因分散分析）	二元配置分散分析（対応なし）	
対応のある2要因で分類される多群の検定（反復測定分散分析）	二元配置分散分析（対応あり）	

分散分析とは

ある1つの条件について反復実験を行ったとき，各測定値に生じる平均値からのずれを実験誤差とよびます．また条件を変えて同様の反復実験を行ったときに，各条件により平均値の差が出た場合に，その差を生み出した要因を因子とよびます．データのばらつきである分散の大きさは実験誤差と因子に左右されます．分散分析は，データのばらつきが因子によるものよりも実験誤差によるものの方が大きいかどうかを検定して，因子によるばらつきの方が大きければ平均に差があるとする検定です．つまり，観測データにおける変動を誤差変動と各要因による変動に分解することにより，要因の効果を判定します．要因が2つ以上ある場合は，主効果だけでなく複数の要因による交互作用も検定します．具体例としては，抗がん剤によるがん縮小が薬剤の影響なのか誤差なのか判定するような臨床試験などがあげられます．

ここでは，1要因で分類される多群の検定である一元配置分散分析のみを説明します．分散分析では，簡単にいえば変動の分解という作業を行います．変動には全変動，群間変動，群内変動の3つがあります．3群の平均の差を考える場合には，全平均と群平均（各群の平均）をまず測定します．

①群内変動は，各群における個々の値と，各群の群平均との差（偏差）の二乗の和（平方和）のことです．

②群間変動は，群平均と全平均との差（偏差）の二乗の和（平方和）のことです．

分散分析では，群間変動と群内変動を各変動の自由度で補正した値の比をF値とします．F値は次のように，計算します．まず，各群のデータ数n，平均値$\bar{x}$，分散s^2，総平均$\bar{\bar{x}}$を求めます．ここで，kは群の数で，iは，i番目の群を意味します．n_iは，i番目の群のデータ数，$\bar{x_i}$は，i番目の群の平均，s_i^2は，i番目の群の分散です．すると，群間変動S_Aは$S_A = \sum_{i=1}^{k} n_i(\bar{x_i} - \bar{x})^2$となり，群間変動の自由度[*2]を$df_A = k - 1$で表します．また，群内変動$S_E$は$S_E = \sum_{i=1}^{k}\sum_{j=1}^{n_i}(x_{ij} - \bar{x_i})^2 = \sum_{i=1}^{k}\{(n_i - 1) \cdot s_i^2\}$となり，群内変動の自由度を$df_E = N - k (N = n_1 + n_2 + \cdots n_k)$で表します．すると，$F$値は，$F = (S_A/df_A)/(S_E/df_E)$となります．

[*2] 分母の群間変動の自由度は，（群の数 -1），分子の群内変動の自由度は，（各群内の検体数 -1）の合計で求められます．

分子の群間変動の値が大きく，分母の群内変動の値が小さいほど F 値は高くなり，p 値は小さな値となります．

Rの実施例

健康診断の結果，正常型 x，境界型 y，糖尿病型 z の3つの群に属すると判定された人が5人ずついると仮定します．それぞれの空腹時の血糖値が次のようであった場合に，3群の平均値に差があるかどうかを分散分析で判定したいとします．

$$x = (96.8, 70.8, 103.2, 113.8, 104.3)$$
$$y = (137.2, 108.3, 133.5, 117.7, 134.4)$$
$$z = (192.1, 196.7, 195.8, 198.7, 217.4)$$

1）変数への値の入力

まず血糖値のデータを以下のように入力します．

```
> x <- c(96.8, 70.8, 103.2, 113.8, 104.3)
> y <- c(137.2, 108.3, 133.5, 117.7, 134.4)
> z <- c(192.1, 196.7, 195.8, 198.7, 217.4)
```

2）統計量の確認

x，y，z のそれぞれの群の平均値は以下のようにそれぞれ 97.78，126.2，200.1 です．

```
> summary(x)
   Min. 1st Qu.  Median    Mean 3rd Qu.    Max.
  70.80   96.80  103.20   97.78  104.30  113.80
> summary(y)
   Min. 1st Qu.  Median    Mean 3rd Qu.    Max.
  108.3   117.7   133.5   126.2   134.4   137.2
> summary(z)
   Min. 1st Qu.  Median    Mean 3rd Qu.    Max.
  192.1   195.8   196.7   200.1   198.7   217.4
```

3）データの準備

データと分類の情報を以下のように変数に入力します．

```
> data <- c(x,y,z)
> group=(rep(c("x", "y", "z"), c(5, 5, 5)))
```

4）分散分析の実施

以下のように変数を指定してコードを入力すると分散分析の結果が出力されます．この場合の帰無仮説は，「3群の平均値に差がない」です．

```
> anova(aov(data ~ group))     } このように入力します.
Analysis of Variance Table                              ↓計算結果


Response: data
           Df  Sum Sq  Mean Sq  F value    Pr(>F)
group       2 27917.6  13958.8   80.266  1.132e-07 ***
Residuals  12  2086.9    173.9
---
Signif. codes:  0 '***' 0.001 '**' 0.01 '*' 0.05 '.' 0.1 ' ' 1
```

上記の例では，p 値（p-value）が，1.132e-07 となり，有意水準 $\alpha = 0.05$ であった場合に，p 値が α より十分に小さく帰無仮説が棄却され，有意差あり（3群の平均値に差がないとはいえない）と判定できます．上記のRの出力結果は，分散分析の結果を要約した表で「分散分析表」とよばれます．このうち，Df は自由度を，Sum Sq は平方和を，Mean Sq は平均平方を，F Value は F 統計量を，Pr(>F) は p 値を表します．また，上記数値の1行目は，群間の各データで，群間の自由度 df_a が2，群間平方和が 27917.6，群間平均平方が 13958.8，群間の F 統計量が 80.266，群間の p 値が 1.132e-07 であることを意味します．上記数値の2行目は，群内の各データで，群内の自由度 df_a が12，群内平方和が 2086.9，群内平均平方が 173.9 であることを意味します．

● 5）多重比較検定

群同士で平均値に差があるかを検定します．例えば，ボンフェローニ補正を行う場合は，有意水準 $\alpha = 0.05$ とした場合，それを p 値の検定のくり返しの数3で割った $0.0166 = 0.05/3$ より p 値が小さくなった場合に，有意差ありと判定します．例えば，x 群と y 群のボンフェローニ補正は以下のようになります．まず，x 群と y 群のステューデントの t 検定を以下のように実施します．今回の場合，p 値 0.01484 が得られます．

```
> t.test(x,y,var.equal=T)     } このように入力します.

    Two Sample t-test                                   ↓計算結果


data: x and y
t = -3.0924, df = 8, p-value = 0.01484
alternative hypothesis: true difference in means is not equal to 0
95 percent confidence interval:
 -49.647692  -7.232308
sample estimates:
mean of x mean of y
    97.78    126.22
```

この値 0.01484 は，有意水準 $\alpha = 0.05$ であった場合に，$0.0166 = 0.05/3$ より小さく多重比較検定で有意差ありと判定できます．

第3章 検定と回帰分析　　代表的なノンパラメトリック検定

3.5 マン・ホイットニーのU検定

生物学的な意義，研究との接点

「健常人と脳梗塞患者の脳血流量に差があるのか？」「中性脂肪の値は男女で差があるのか？」など独立した2つの群を検定する場合を，対応のない検定といいます．このような，対応のない2つの群の平均値に差があるかどうか（同一であるかどうか）を判定したい場合に，両群の分布が正規分布であることを仮定できない場合には，マン・ホイットニーのU検定（ウィルコクソンの順位和検定と実質的に同じ）を用いて検定を行います．マイクロアレイや，次世代シーケンサーなどでは，データの分布が正規分布でない場合はしばしばあり，ノンパラメトリック検定を使いたい場面は多くあります．ノンパラメトリック検定は正規分布を仮定しないため，適用範囲はきわめて広いですが，データ数が少ない場合は有意差が出にくいという欠点があります．したがって，特段の理由がない限り，パラメトリック検定ができる場面では，パラメトリック検定を使用する方が望ましいといえます．

マン・ホイットニーのU検定では，比較したい両群の標本サイズの小さい群の，順位の和で得られる検定統計量Uにもとづいて検定します．

対応のない2群のデータで母集団分布の同一性を検定します．分布の仮定を前提せず，順位にもとづいて検定するノンパラメトリック検定の1つです．母集団からサンプリングした対応のない2標本のデータについて，2標本を合わせて値の小さいデータより順位をつけます．同順位の場合は該当する順位の平均値を割り当てます．次に2標本それぞれのデータの順位和（R_1, R_2）とデータの標本サイズ（n_1, n_2）から，統計量（U_1, U_2）を求め，どちらか小さい方を検定統計量Uとします．両側検定のみ行い，Uが有意水準5%以下の場合は帰無仮説「2標本の間に差がない」が棄却され，対立仮説「2標本の間に差がある」が支持されます．

$$U_1 = n_1 n_2 + \frac{n_1(n_1+1)}{2} - R_1$$

$$U_2 = n_1 n_2 + \frac{n_2(n_2+1)}{2} - R_2$$

Rの実施例

3.2の食事による血糖値上昇の解析はパラメトリック検定がふさわしい例ですが，計算自体は同じ

データでもできるので、ここでは同じデータを使って解説します。食事による血糖値の上昇が有意にみられるか確認したい場合、ある人の食前の血糖値を何日かくり返して測ったところ 97.8, 93.5, 121.1, 102.2, 107.1, 105.4, 98.7, 92.8 であり、ある人の食後の血糖値を何日かくり返して測ったところ 148.1, 141.2, 158.5, 151.3, 165.4, 156.6, 194.9, 168.1 であったとします。

1) 変数への値の入力

まず血糖値のデータを以下のように入力します。

```
> x <- c(97.8, 93.5, 121.1, 102.2, 107.1, 105.4, 98.7, 92.8)
> y <- c(148.1, 141.2, 158.5, 151.3, 165.4, 156.6, 194.9, 168.1)
```

2) マン・ホイットニーの U 検定

マン・ホイットニーの U 検定では、関数 **wilcox.test()** を用いて検定を行います。2群の値を指定し、引数 **paired=F** を指定することでマン・ホイットニーの U 検定（ウィルコクソンの順位和検定）が実施できます。**paired=T** とするとウィルコクソンの符号順位検定となります。

ウィルコクソンの符号順位検定はノンパラメトリック検定の1つですが、名前が似ているウィルコクソンの順位和検定（マン・ホイットニーの U 検定）とは異なる検定法です。どちらも2つのデータ間における代表値の差を検定する方法ですが、ウィルコクソンの符号順位検定は得られた2つのデータ間に対応があるときに用いる検定法です。

```
> wilcox.test(x,y,paired=F)        } このように入力します。


    Wilcoxon rank sum test                              計算結果


data:  x and y
W = 0, p-value = 0.0001554
alternative hypothesis: true location shift is not equal to 0
```

上記の例では、x と y の間の p 値（p-value）が 0.0001554 となり、有意水準 $\alpha = 0.05$ であった場合に、p 値が十分に小さく帰無仮説（両群の同一性）が棄却され、有意差ありと判定できます。

第3章 検定と回帰分析　　代表的なノンパラメトリック検定

3.6 カイ二乗検定とフィッシャーの正確確率検定

生物学的な意義，研究との接点

カイ二乗検定は，簡単にいえばある観測された事象の頻度（相対頻度）が，期待頻度に適合しているかを判定します．例えばある集団で観測された血液型の頻度が，A，B，AB，O で 50，15，30，5 であった場合，日本人の ABO 式血液型の分布といわれているおよそ A 型 40%，B 型 20%，AB 型 10%，O 型 30%の頻度（期待頻度）と有意に異なるかを調べるときなどです．

また，同じ目的で使われる検定法にフィッシャーの正確確率検定があります．こちらはカイ二乗検定と比べて標本数が小さい場合や数値の偏りが大きい場合に使われます．

カイ二乗検定

カイ二乗検定は，帰無仮説が正しい場合に検定統計量が漸近的にカイ二乗分布（**2.22** 参照）にしたがうような統計学的検定法の総称ということになっています．一般的には，ピアソンのカイ二乗検定をさしますが，ある観察された事象の分布（相対頻度）が期待される分布（期待頻度）と同じであるかどうかを検定（適合度の検定）します．観測度数を O，期待度数を E として，以下で与えられる統計量（カイ二乗統計量）がカイ二乗分布にしたがうことを利用します．

$$\chi^2 = \sum \frac{(O-E)^2}{E}$$

帰無仮説は，「ある観察された事象の分布（相対頻度）が期待される分布（期待頻度）と同等である」ということであり，カイ二乗値が棄却限界値より大きい場合は両分布は同等でないと評価されます（**図 3.6.1**）．

Rの実施例

ある集団の血液型の頻度が，A，B，AB，O で 50，15，30，5 であった場合，日本人の ABO 式血液型の分布といわれているおよそ A 型 40%，B 型 20%，AB 型 10%，O 型 30%の頻度と有意に異なるかをカイ二乗検定で検定する例を示します．

- **1）変数への値の入力**

まず観察された血液型頻度のデータを以下のように入力します．

```
> x <- c(50, 15, 30, 5)
> y <- c(40, 20, 20, 30)
```

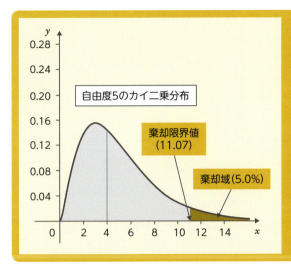

図 3.6.1　カイ二乗検定の検定方法と棄却域
検定したい統計量である χ^2 値を求めた場合に，この χ^2 値の出現する確率が，あらかじめ設定しておいた確率（有意水準 α）より小さい場合（図では，色のついた棄却域に落ちた場合）に，χ^2 値は帰無仮説が成立しえない出現確率であったと判定し，帰無仮説を棄却し，対立仮説を採択します．通常，有意水準 α は 0.05 ないし，0.01 がとられることが多いようです（図では 0.05，すなわち 5％）．

以下のように入力し，上記の入力データを2行の行列に成形します．

```
> data <- matrix(c(x,y),nrow=2,byrow=T)
```

2）カイ二乗検定の実施

関数 **chisq.test()** を実施します．以下のように，p 値（p-value）がきわめて小さくなり，観察された事象の分布と期待される分布（相対頻度と期待頻度）が同じではないと判定されます．

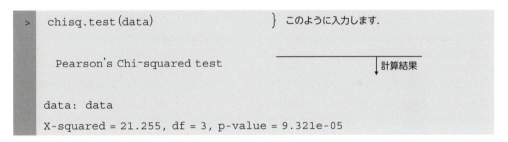

フィッシャーの正確確率検定

分割表（以下のようなクロス集計表）における2つ以上のカテゴリーの分布が同一であるかどうかを調べる検定法にフィッシャーの正確確率検定があります．同じ状況で標本数が大きく数値の偏りが小さい場合には統計量の標本分布が近似的にカイ二乗分布に等しくなるために計算の容易なカイ二乗検定を用いられますが，標本数が小さい（分割表中の数値に10未満のものがある）場合や，表中の数値の偏りが大きい場合にはこの近似は不正確となるためにフィッシャーの正確確率検定を用います．

例えば，喫煙とがんとの関係を調べたいときに，喫煙者と非喫煙者，がん患者と健常者が以下の分割表のような人数（頻度）で観察されたとします．

	喫煙	非喫煙
がん	8	4
健常者	3	10

各セルを，以下の分割表のような変数 a, b, c, d に置き換え，全頻度を n とします．

	喫煙	非喫煙	全
がん	a	b	$a+b$
健常	c	d	$c+d$
合計	$a+c$	$b+d$	n

以下のような式で与えられる確率 p が超幾何分布にしたがうことを利用して検定を行います．

$$p = \frac{(a+b)!\,(c+d)!\,(a+c)!\,(b+d)!}{n!\,a!\,b!\,c!\,d!}$$

この式で，「がん患者と健常者で喫煙者と非喫煙者の頻度分布は等しい」という帰無仮説の下で，この特定の数値（この例では観察された人数）の組合わせが得られる正確な確率が与えられます．

Rの実施例

喫煙とがんとの関係を調べたいときに，前述の例と同様に各人数（頻度）が以下のようであったとします．

	喫煙	非喫煙
がん	8	4
健常者	3	10

以下のように関数 **fisher.test()** を実施します．p 値（p-value）は，0.05 未満となり，喫煙者と非喫煙者でがんの発生頻度は同等であるという帰無仮説が棄却されます．

```
> fisher.test(matrix(c(8,4,3,10),nrow=2))     このように入力します．

        Fisher's Exact Test for Count Data           計算結果

data: matrix(c(8, 4, 3, 10), nrow = 2)
p-value = 0.04718
alternative hypothesis: true odds ratio is not equal to 1
95 percent confidence interval:
  0.8846137 56.7408569
sample estimates:
odds ratio
  6.107218
```

上記の例では，p 値（p-value）が 0.04718 となり，有意水準 $\alpha = 0.05$ であった場合に，p 値が十分に小さく帰無仮説（がんの発生頻度の同等性）が棄却され，有意差ありと判定できます．

3.7 単回帰分析

生物学的な意義，研究との接点

回帰分析とは，簡単にいうとある値が与えられた場合（x）に他の値（y）が算出される式（モデル）を求めることです．最も単純なモデルは，$y = ax + b$ で与えられ，身長 x の値から，体重 y の値を予測できます．x は説明変数，y は従属変数とよばれます．説明変数が複数ある場合（例えば，説明変数が 3 個ある場合は $y = ax_1 + bx_2 + cx_3 + e$ と表示）を重回帰分析（**3.10** 参照）とよび，説明変数が 1 個の場合（身長と体重の関係など）を単回帰分析といいます．単回帰分析は，生化学実験などで検量線を用いて定量を行う場合に頻用されます．$y = ax + b$ において，a（傾き）と b（Y 切片）がわかれば，x（身長）から y（体重）を予測することができ，この a と b の値を求めることが回帰分析ということができます（図 **3.7.1**）．

吸光度でタンパク質濃度や核酸濃度を測定する実験，定量的 PCR などの例があげられます．

単回帰分析の前提として，x と y は正規分布をしており，互いに独立である必要があります．係数 a は最小二乗法により求めます．最小二乗法は，各測定値と回帰直線（$y = ax + b$ のグラフのこと）との距離の二乗の和〔$E(a, b)$〕が最小になるような値を求める方法です（図 **3.7.2**）．

$$E(a, b) = \sum_{i=1}^{n}(y_i - ax_i - b)^2$$

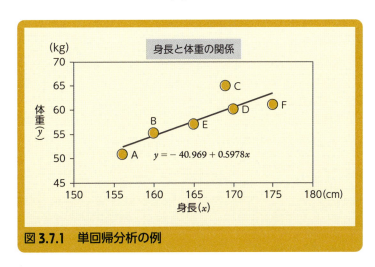

図 **3.7.1** 単回帰分析の例

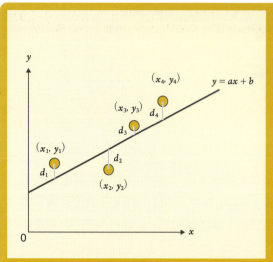

図 3.7.2　最小二乗法の考え方
最小二乗法は各測定値から，回帰曲線までの距離の二乗の総和（図では，$d_1^2 + d_2^2 + d_3^2 + d_4^2$）が最小になるような a と b の値を計算します．

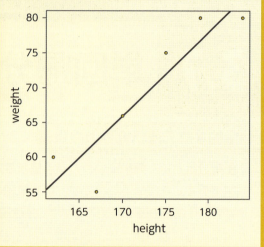

図 3.7.3　R を使った単回帰分析の例

この最小値は，上の式を a および b で偏微分した値が 0 になる式を計算し，できた a および b の連立方程式を解くことによって求めます．

R の実施例

以下のように，6 人の男性（A, B, C, D, E, F）それぞれの身長〔175, 179, 162, 184, 170, 167（cm）〕および体重〔75, 80, 60, 80, 66, 55（kg）〕のデータを使って単回帰分析の例を示します．

男性＝(A, B, C, D, E, F)
身長＝(175, 179, 162, 184, 170, 167)
体重＝(75, 80, 60, 80, 66, 55)

1) 変数へのデータの入力

以下のようにデータを変数 `height` および `weight` に入力します．

```
> height <- c(175, 179, 162, 184, 170, 167)
> weight <- c(75, 80, 60, 80, 66, 55)
```

2) 単回帰分析の実施

次にデータを関数 **plot()** を用いてグラフにプロットし，**lm()** を用いて単回帰分析を行い，その結果（`result`）を **abline()** で回帰直線を描き，**summary()** で，その内容を出力します．

```
> plot(weight ~ height)
> result <- lm(weight ~ height)
> abline(result)
> summary(result)
```

このように入力します．

```
Call:                                          計算結果
lm(formula = weight ~ height)


Residuals:
      1       2       3       4       5       6
3.07241 3.28302 3.63794 -2.70372 0.05915 -7.34880


Coefficients:
            Estimate Std.   Error t value Pr(>|t|)
(Intercept)  -137.6084   46.5766  -2.954   0.0418 *
height          1.1973    0.2692   4.447   0.0113 *
---
Signif. codes:  0 '***' 0.001 '**' 0.01 '*' 0.05 '.' 0.1 ' ' 1

Residual standard error: 4.868 on 4 degrees of freedom
Multiple R-squared:  0.8318,    Adjusted R-squared:  0.7897
F-statistic: 19.78 on 1 and 4 DF,  p-value: 0.01127
```

上記の例では，p値（p-value）が 0.0418 となり，有意水準 $\alpha = 0.05$ であった場合に，p値が十分に小さく帰無仮説が棄却され，有意差ありと判定できます．

出力結果のうち，1.1973 が傾き a の推定値で，−137.6084 が切片 b に相当し，回帰式は以下のようになります．

$$y = 1.1973x - 137.6084$$

● 3）検算

以下のように検算してみますと，回帰式がグラフ上の直線の値に一致していることが確認できます（**図 3.7.3**）．

```
>   1.1973*170 - 137.6084
    [1] 65.9326
>   1.1973*175 - 137.6084
    [1] 71.9191
>   1.1973*180 - 137.6084
    [1] 77.9056
```

第3章 検定と回帰分析 | 回帰分析

3.8 相関係数（ピアソンの積率相関係数）

生物学的な意義，研究との接点

2つのデータ群に関連性がある場合を，相関しているといいます．例えば，身長と体重の関係のように一方が増えてもう片方も増える場合を正の相関，喫煙量と平均寿命など一方が増えてもう片方が減る場合を負の相関といいます．その相関の度合いを相関係数といいます．相関係数は -1 から $+1$ まで変化し，0の場合は相関がなく，$|1|$ に近いほど強い相関があるということになります．大体，$|0.7|$ 以上を強い相関，$|0.2|$ 以下はほとんど相関がないと判断されます（図 3.8.1）．

相関係数〔ピアソンの積率相関係数（r）〕は以下のような式で表されます．変数 X と変数 Y の各値の平均値との差の積を共分散とよびますが，それを変数 X と変数 Y の標準偏差で割った値です．

$$r = \frac{\text{変数 } X \text{ と変数 } Y \text{ の共分散}}{\text{変数 } X \text{ の標準偏差} \times \text{変数 } Y \text{ の標準偏差}}$$

$$= \frac{\frac{1}{n-1}\sum_{i=1}^{n}(X_i - \bar{X})(Y_i - \bar{Y})}{\sqrt{\frac{1}{n-1}\sum_{i=1}^{n}(X_i - \bar{X})^2}\sqrt{\frac{1}{n-1}\sum_{i=1}^{n}(Y_i - \bar{Y})^2}}$$

Rの実施例

3.7 の例で示した 6 人の男性（A, B, C, D, E, F）それぞれの身長〔175, 179, 162, 184, 170, 167（cm）〕および体重〔75, 80, 60, 80, 66, 55（kg）〕があるときの相関係数を求めてみます．

● 1) 変数へのデータの入力

以下のようにデータを変数 height および weight に入力します．

```
> height <- c(175, 179, 162, 184, 170, 167)
> weight <- c(75, 80, 60, 80, 66, 55)
```

● 2) 相関係数の計算

相関係数は関数 **cor()** を用いて，引数として method ="pearson" を指定し以下のようにして求めます．

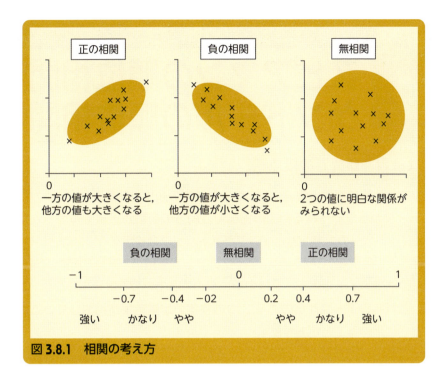

図 3.8.1　相関の考え方

```
> cor(height, weight, method="pearson")     ← このように入力します.
[1] 0.9120128    ←                           相関係数
```

● 3) 無相関検定

heightとweightが相関しているかを検定するには，**cor.test()**を用います．これを<u>無相関検定</u>といいます．

```
> cor.test(height, weight, method="pearson")   } このように入力します.

        Pearson's product-moment correlation       計算結果

data: height and weight
t = 4.4471, df = 4, p-value = 0.01127
alternative hypothesis: true correlation is not equal to 0
95 percent confidence interval:
 0.3865815 0.9904720
sample estimates:
    cor
0.9120128
```

tはt値，dfは自由度，p-valueはp値を表します．corは相関係数です．

帰無仮説は，今回の場合，「heightとweightが相関しない」という仮説で，p値（p-value）が0.01127となり，有意水準$\alpha = 0.05$で帰無仮説が棄却され，有意に相関していることが示されました．

第3章 検定と回帰分析 | 回帰分析

3.9 スピアマンの順位相関係数, ケンドールの順位相関係数

生物学的な意義, 研究との接点

　スピアマンの順位相関係数および, ケンドールの順位相関係数は, ノンパラメトリックな順位データから求められる相関の指標で, 両方の変数が正規分布からかけ離れていてマン・ホイットニーのU検定などノンパラメトリックな検定を行った場合に使用されます.

　例えば, 次世代シーケンサーや, マイクロアレイを用いた網羅的発現定量データやゲノムDNAの網羅的メチル化データは生データのままでは, 正規分布をしないことが知られており, これらのデータからのある2つの検体の定量結果が相関しているか簡易に確認したいときに用いることがあります.

スピアマンの順位相関係数

　詳細な数式は省略しますが簡単に説明すると, ピアソンの積率相関係数 (r) の確率変数を順位で置き換えたものを考えればよいです. ピアソンの積率相関係数とスピアマンの順位相関係数ロー (ρ) には, **図 3.9.1** のような関係があり, 量的な相関関係をみたいときにはピアソンの積率相関係数を, 順序関係をみたいときにはスピアマンの順位相関係数を用います.

ケンドールの順位相関係数

　こちらも数式は省略します. 順位を指標に計算したケンドールの順位相関係数タウ (τ) という統計量を用いて相関を求めます. τ はスピアマンの順位相関係数 ρ と似たような性質を示します. 順位が完全に一致する場合 $\tau = +1$ となり, 順位が完全に一致しない場合 $\tau = -1$ となり, 完全に独立している場合, 0 となります. ケンドールの τ とスピアマンの ρ は, **図 3.9.2** のような関係があり, τ の方が正規分布に近いために扱いやすいです.

Rの実施例

　3.7 の例で示した6人の男性 (A, B, C, D, E, F) それぞれの身長 〔175, 179, 162, 184, 170, 167 (cm)〕および体重 〔75, 80, 60, 80, 66, 55 (kg)〕があるときの相関係数 (ピアソンの積率相関係数), スピアマンの順位相関係数および, ケンドールの順位相関係数の求め方を解説します.

- **1) 変数へのデータの入力**

　以下のようにデータを変数 height および weight に入力します.

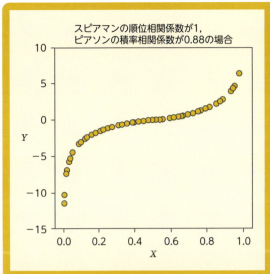

図 3.9.1 ピアソンの積率相関係数とスピアマンの順位相関係数の関係
相関をみたい X と Y の 2 つの群の測定結果がある場合に，スピアマンの順位相関係数が 1，ピアソンの積率相関係数が 0.88 であるデータについて，X と Y の各値をグラフに描画した例です．この例では，X と Y の順位の相関は完全に一致していますが，数値の相関は完全に一致していません．Spearman's rank correlation coefficient (https: //en.wikipedia.org/wiki/Spearman%27s_rank_correlation_coefficient) より引用．

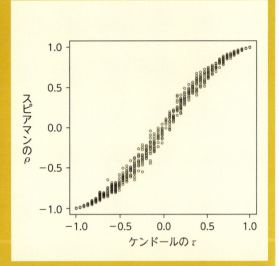

図 3.9.2 ケンドールの τ とスピアマンの ρ の関係
10 対の乱数を大量に生成しケンドールの τ（横軸）とスピアマンの ρ（縦軸）を計算した結果の散布図です．両値に 1 対 1 の対応はありませんが，ある程度の幅をもって，ほぼ相関していることが確認できます．どちらが統計的に有意になりやすいということはありません．三重大学奥村晴彦先生のホームページ（https://oku.edu.mie-u.ac.jp/~okumura/stat/correlation.html）より引用．

```
> height <- c(175, 179, 162, 184, 170, 167)
> weight <- c(75, 80, 60, 80, 66, 55)
```

● **2）相関係数の計算**

相関係数は関数 **cor()** を用いて，引数としてピアソンの積率相関係数の場合は method＝"pearson"，スピアマンの順位相関係数の場合は method＝"spearman"，ケンドールの順位相関係数の場合は method＝"kendall" を指定し以下のようにして求めます．

```
> cor(height, weight, method="pearson")
[1] 0.9120128
> cor(height, weight, method="spearman")
[1] 0.9276337                                   相関係数
> cor(height, weight, method="kendall")
[1] 0.8280787
```

● **3）無相関検定**

3.8 の実施例で示したような無相関検定も **cor.test()** を用いて同様に実施できます．

```
> cor.test(height, weight, method="spearman")
```
このように入力します．

計算結果

```
        Spearman's rank correlation rho

data: height and weight
S = 2.5328, p-value = 0.007666
alternative hypothesis: true rho is not equal to 0
sample estimates:
      rho
0.9276337
```
p-value が p 値，rho が相関係数 ρ を意味します．

```
警告メッセージ：
cor.test.default(height, weight, method = "spearman") で:
  タイのため正確な p 値を計算することができません
```

上記の例では，p 値（p-value）が 0.007666 となり，有意水準 $\alpha = 0.05$ であった場合に，p 値が十分に小さく帰無仮説（スピアマンの順位相関係数による無相関性）が棄却され，有意差ありと判定できます．ただし，スピアマンの順位相関係数および，ケンドールの順位相関係数の場合，同順位の値があると上記のような警告が出ます．以下のように同順位のないデータを用いると，警告は出ません．

```
> height <- c(175, 179, 162, 184, 170, 167)
> weight <- c(75, 80, 60, 82, 66, 55)
> cor.test(height, weight, method="spearman")
```
ここの数値を変えています．

```
        Spearman's rank correlation rho

data: height and weight
S = 2, p-value = 0.01667
alternative hypothesis: true rho is not equal to 0
sample estimates:
      rho
0.9428571
```
p-value が p 値，rho が相関係数 ρ を意味します．

上記の例では，p 値（p-value）が 0.01667 となり，有意水準 $\alpha = 0.05$ であった場合に，p 値が十分に小さく帰無仮説（スピアマンの順位相関係数による無相関性）が棄却され，有意差ありと判定できます．上記の通り，関数 **cor()** を用いて相関係数を，関数 **cor.test()** を用いて無相関検定が可能です．上記の結果は，同順位のある場合（p 値が 0.007666），同順位のない場合（p 値が 0.01667）のいずれも有意差あり（相関あり）と判定できます．

なお，紙面の都合上，ここではピアソンの積率相関係数の場合のみ最後まで示し，ケンドールの順位相関係数については省略しました．

第3章 検定と回帰分析 — 回帰分析

3.10 重回帰分析

生物学的な意義,研究との接点

回帰分析において説明変数が2つ以上(二次元以上)のものを**重回帰分析**といいます.多変量解析の一種です.本書では多変量解析は**第4章**で独立の章を設けていますが,重回帰分析のみここで扱います.ある事象を,複数の要因を用いて説明する場合に使われます.例えば,**図3.10.1**のように,年齢(x_1),体重(x_2),ヘモグロビンA1c(HbA1c)値(x_3)から空腹時血糖値(Y)を予測する以下のような式(モデル)を考える場合があげられます.

$$Y = ax_1 + bx_2 + cx_3 + d + e$$

重回帰分析における係数の計算は,単回帰分析(**3.7**参照)と同様に最小二乗法が使われます.注意したいのは,ある事象の予測はできても要因との因果関係が保証されるものではありません.x_1, x_2, x_3は説明変数,Yは従属変数です.係数a, b, cを**偏回帰係数**とよび,dを定数項とよびます.eは誤差項とよばれます.

それぞれの変数は独立で,正規分布をしていることが前提です.説明変数が相互に影響しあって相互作用(**交互作用**)がある場合,偏回帰係数を求められないなどの問題が起こり,これを**多重共線性**といいます.変数の数は多いほどよいのではなく,目的変数に対し影響の大きいものを選び,交互作用がある説明変数を除いて互いに独立のものにする必要があります.

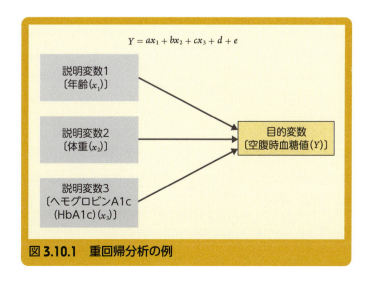

図3.10.1 重回帰分析の例

AIC（赤池情報量基準）

モデルのあてはまりのよさを判定する指標として AIC（赤池情報量基準）があり以下のような式で表現されます．

$$AIC = -2\ln L + 2k \quad [L：モデルの最大尤度, k：モデルのパラメータ数]$$

ここで尤度とは，ある仮説（モデル）のもとで観察されたデータが生じる確率です．通常，確率変数にはその値とその存在確率が示されますが，そのモデルの存在確率（尤度）の対数の最大値の2倍を，モデルのパラメータ数の2倍から引いた値を AIC といい，この値が小さいほどあてはまりがよいモデルとされています．

R の実施例

ここでは説明変数を2つに絞り，体重（x_1），ヘモグロビン A1c(HbA1c)値（x_2）から，空腹時血糖値を予測する簡単なモデルを考えてみます．以下のように4人分のデータがあるとします．

空腹時血糖値（mg/dL）	体重（kg）	HbA1c 値（%）
120	65	8
100	70	5
150	80	10
200	82	11

● 1）変数へのデータの入力

まず，以下のように変数 `bloods`（空腹時血糖値），`weight`（体重），`ha1c`（ヘモグロビン A1c）に数値を代入し，関数 **data.frame()** で，データフレームを作成して，`dmdata` とします．

```
> bloods <- c(120, 100, 150, 200)
> weight <- c(65, 70, 80, 82)
> ha1c <- c(8, 5, 10, 11)
> dmdata <- data.frame(bloods, weight, ha1c)
> dmdata
```
このように入力します．

```
  bloods weight ha1c
1    120     65    8
2    100     70    5
3    150     80   10
4    200     82   11
```
このように出力されます．

● 2）相関行列と対散布図の確認

次に，データの変数間の関係をみるために，相関行列と対散布図を関数 **cor()** と **pairs()** で確認します．この場合，空腹時血糖値は，体重よりもヘモグロビン A1c と相関性が強いことがわかります（**図 3.10.2**）．

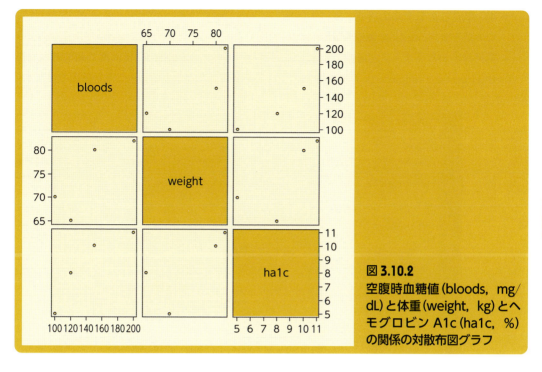

図 3.10.2
空腹時血糖値（bloods, mg/dL）と体重（weight, kg）とヘモグロビン A1c（ha1c, %）の関係の対散布図グラフ

```
>   round(cor(dmdata),4)          ←──── このように入力します.
        bloods weight   ha1c
bloods  1.0000 0.8304 0.9125
weight  0.8304 1.0000 0.7390
ha1c    0.9125 0.7390 1.0000
>   pairs(dmdata)   ←──── このように入力すると図 3.10.2 の散布図が得られます.
```

3) 重回帰分析の実施

さらに，関数 **lm()** を用いると，以下の重回帰式に相当する係数（Coefficients）と切片（Intercept）が求められます．

$$\text{bloods} = 1.848 \times \text{weight} + 10.821 \times \text{ha1c} - 86.657$$

```
>   (bloods.lm<-lm(bloods~.,data=dmdata))   ←──── このように入力します.
                                                   ─────────────
Call:                                                   ↓ 計算結果
lm(formula = bloods ~ ., data = dmdata)

Coefficients:
(Intercept)      weight        ha1c
    -86.657       1.848      10.821
```

● **4) 作成したモデルの評価**

この結果 bloods.lm を関数 **summary()** で表示すると，この回帰モデルのあてはまりのよさの評価結果がわかります．決定係数*（Multiple R-Squared）は 0.8863，自由度で調整済みの決定係数（Adjusted R-squared）は 0.6589 となり，ある程度あてはまりのよいことが確認できます．

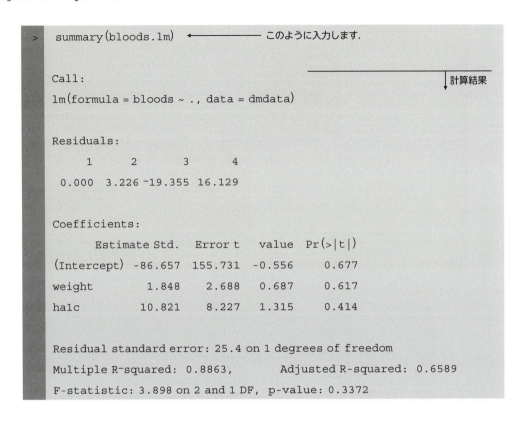

関数 **summary()** は関数 lm の計算結果の要約を示しており，係数 Coefficients およびそのあてはまりの評価結果（決定係数 Multiple R-squared, 自由度調整済決定係数 Adjusted R-squared）が示されています．

＊ 決定係数は，説明変数が従属変数のどれくらいを説明できるかを表す値です．決定係数は（重）相関係数 R の二乗に等しく，R^2 と書かれます．寄与率とよばれることもあります．標本値から求めた回帰方程式のあてはまりのよさの尺度として利用されます．決定係数は説明変数を追加すれば 1 に次第に近づいていきます．そして，説明変数の数を p とし，標本数を n とすると，p が大きくなり，$p = n - 1$ になれば決定係数は 1 になってしまうという性質があります．決定係数が 1 になったとしても，みかけ上データに対してあてはまりがよいだけで実際の推測はうまくいきません．そこで，説明変数の数の影響を取り除き，みかけ上のあてはまりのよさを差し引いた自由度調整済決定係数によって重回帰式を評価することが多いです．

3.11 ロジスティック回帰分析

第3章 検定と回帰分析 ／ 回帰分析

生物学的な意義，研究との接点

ロジスティック回帰分析は，説明変数が観測値や確率などの量的な値をとり，従属変数が2値（0または1）の質的な値をとる場合に用いる回帰分析手法です．例えば，薬剤を投与した場合の効果があるかないか，喫煙習慣のある人のがんに罹ったか罹らなかったか，といったデータを解析して式（モデル）を求めるときなどに用いられます．また，比率で表される値を従属変数に用いる場合にも使われ，例えばDNAのメチル化率を用いたデータで数理モデリングを行う場合にも用いられます．

ある事象の発生確率をpとするとき，これを$\log(p/1-p)$と変形（ロジット変換といいます）した値を従属変数とした，線形モデルです（**図 3.11.1**）．

$$\log\left(\frac{p}{1-p}\right) = \beta_0 + \beta_1 X_1 + \beta_2 X_2$$

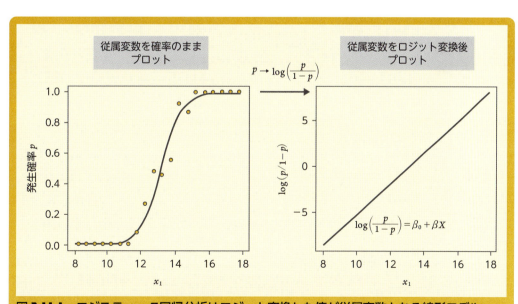

図 3.11.1　ロジスティック回帰分析はロジット変換した値が従属変数となる線形モデル
左図はy軸に発生確率pを，x軸に説明変数（この場合はx）をとったグラフで，シグモイド曲線とよばれます．右図はy軸に発生確率pをロジット変換した値〔$\log(p/1-p)$，対数尤度とよばれることもあります〕を，x軸に説明変数（この場合はx）をとったグラフで，直線のグラフになります．

Rの実施例

以下のような10名のがんの発生データ（1：発生，0：発生なし）と対応する2つの腫瘍マーカーの血中濃度データから，あるがんの発生確率を予測するモデルを作成することを考えてみます．

がん	マーカー1	マーカー2
1	30	145
1	25	170
1	5	80
1	15	200
1	20	154
0	4	115
0	10	120
0	7	119
0	19	100
0	8	110

● 1) 変数へのデータ

最初にデータを変数 c（がん），m1（マーカー1），m2（マーカー2）に入力します．

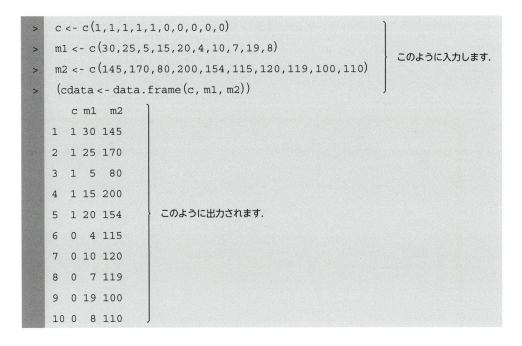

● 2) ロジスティック回帰分析の実施

ロジスティック回帰分析は関数 **glm()** を用いて実施します．ロジスティック回帰分析を行う場合は，引数 family に2項分布（binomial）を指定します．以下のような回帰式が得られます．

$$\log(p/1-p) = 0.11047 \times m1 + 0.02665 \times m2 - 5.00910$$

```
> output.glm <- glm(c~., family=binomial,data= cdata)
> summary(output.glm)

Call:
glm(formula = c ~ ., family = binomial, data = cdata)

Deviance Residuals:
     Min        1Q    Median        3Q       Max
-1.07533  -0.75937  -0.09674   0.49800   2.19904

Coefficients:
            Estimate Std.   Error  z value  Pr(>|z|)
(Intercept) -5.00910     3.56436   -1.405     0.160
m1           0.11047     0.12092    0.914     0.361
m2           0.02665     0.03081    0.865     0.387

(Dispersion parameter for binomial family taken to be 1)

    Null deviance: 13.8629  on 9  degrees of freedom
Residual deviance:  9.4683  on 7  degrees of freedom
AIC: 15.468

Number of Fisher Scoring iterations: 4
```

このように入力します．

計算結果

出力結果のCoefficientsが係数を表し，m1にかかる係数が0.11047，m2にかかる係数が0.02665で，切片が−5.00910です．それ以外の数値の多くは，データのモデルへのあてはまりのよさの評価指標が記入されています．

第3章 検定と回帰分析　回帰分析

3.12 コックス比例ハザード回帰分析

生物学的な意義，研究との接点

コックス（Cox）比例ハザード回帰分析は，基準となるある時点から目的となる事象の発生までの時間を解析します．例えば，ある疾患において，疾患発症や死亡などの事象が発生するまでの時間を解析します．生存時間解析（あるいは生存曲線）によく用いられます．生存時間解析では，対象となる事象をイベント，エンドポイント，結果などとよび，解析対象とする時間を生存時間とよびます．説明変数は，共変量，危険因子，予後因子とよばれることもあります．

ある時点における瞬間死亡率をハザード（ハザード関数）とよび，$h(t)$で表します．一方，この関数のすべての説明変数が0の場合をベースラインハザード（基準ハザード関数）とよび，$h_0(t)$で表します．コックス（Cox）比例ハザード回帰では，ハザード関数と基準ハザード関数の比を一定と仮定し（比例ハザード性を有すると仮定し），その「ハザード比〔ハザード関数/基準ハザード関数 $h(t)/h_0(t)$〕の対数」を，複数の説明変数の線形モデルで表現します（**図3.12.1**）．

Rの実施例

コックス比例ハザードモデルは，目的変数は1標本に1度しか起きないイベントが生じるまでの時間で，かつイベントが観察時間中に生じない場合があることを想定したモデルです．Rにおける組込みデータkidneyを用いたコックス比例ハザード回帰分析の例を示します．

重回帰分析の式（モデル）

$$y = a + b_1x_1 + b_2x_2 + b_3x_3 + \cdots$$

ロジスティック回帰分析の式（モデル）

$$\log_e \frac{p}{1-p} = a + b_1x_1 + b_2x_2 + b_3x_3 + \cdots$$

コックス比例ハザード回帰分析の式（モデル）

$$\log_e \frac{h(t)}{h_0(t)} = b_1x_1 + b_2x_2 + b_3x_3 + \cdots$$

x_i：説明変数　a：定数　b_i：偏回帰係数

図3.12.1　各種の回帰分析の式（モデル）

1) 変数へのデータの入力

最初にデータの取り込みを行います．以下のように，`library(survival)`を用いてsurvivalパッケージを読み込み，`data(kidney)`を用いて，組込みデータ`kidney`をよび出します．

```
> library(survival)
> data(kidney)
```

次に，`head(kidney)`で一部のデータをみることができます．

```
> head(kidney)
  id time status age sex disease frail
1  1    8      1  28   1   Other   2.3
2  1   16      1  28   1   Other   2.3
3  2   23      1  48   2      GN   1.9
4  2   13      0  48   2      GN   1.9
5  3   22      1  32   1   Other   1.2
6  3   28      1  32   1   Other   1.2
```

このデータは，透析装置の利用が，各種腎臓病の患者の生存時間にどう影響するかを検討するための，38ペアに対するデータです．上記の`id`は患者のIDを，`time`は生存時間を，`status`は患者の結果〔0：生存（打ち切り），1：死亡〕を，`age`は患者の年齢を，`sex`は患者の性別を，`disease`は病気の種類（0=GN，1=AN，2=PKD，3=Other）を，`frail`は元論文からのfrailty（虚弱性）推定値を示します．

2) コックス比例ハザード回帰分析の実施

次に，以下のコードを入力して性別と病気の種類による影響をみるモデルを構築します．関数**coxph()**の引数に記入されたモデル"Surv(time, status) ~ sex + disease"のモデルのうち，~記号の右側が説明変数で，`sex`と`disease`を，~記号の左側が従属変数で生存時間`time`と患者の状態`status`から計算されるハザード比の対数を表します．

```
> kidney.cox <- coxph( Surv(time, status) ~ sex+disease, data=kidney)
> summary(kidney.cox)
Call:                                        ↓計算結果
coxph(formula = Surv(time, status) ~ sex + disease, data = kidney)

  n= 76, number of events= 58
```

```
                    coef exp(coef) se(coef)       z Pr(>|z|)
sex              -1.4774    0.2282   0.3569  -4.140 3.48e-05 ***
diseaseGN         0.1392    1.1494   0.3635   0.383   0.7017
diseaseAN         0.4132    1.5116   0.3360   1.230   0.2188
diseasePKD       -1.3671    0.2549   0.5889  -2.321   0.0203 *
---
Signif. codes:  0 '***' 0.001 '**' 0.01 '*' 0.05 '.' 0.1 ' ' 1

            exp(coef) exp(-coef) lower .95 upper .95
sex            0.2282     4.3815   0.11339    0.4594
diseaseGN      1.1494     0.8700   0.56368    2.3437
diseaseAN      1.5116     0.6616   0.78245    2.9202
diseasePKD     0.2549     3.9238   0.08035    0.8084


Concordance= 0.696  (se = 0.045 )
Rsquare= 0.206   (max possible= 0.993 )
Likelihood ratio test = 17.56 on 4 df,  p=0.001501
Wald test            = 19.77 on 4 df,  p=0.0005533
Score (logrank) test = 19.97 on 4 df,  p=0.0005069
```

出力結果は，**summary()**関数で表示します．関数**coxph**は，変数ごとの係数 coef，exp(coef)，係数の標準誤差 se(coef)，z 値，p 値（Pr(>|z|)），信頼区間（lower.95, upper.95），仮説 $H_0 = 0$，$H_1 \neq 0$ の検定統計量（p など）などを返します．

出力結果の，Pr(>|z|)は有意差の指標である p 値で，ここでは，deseasePKD が有意であることが読み取れます（Pr(>|z|) = 0.0203）．性別のマイナスの効果は，女性（= 値が大きい）ほど死ぬ確率（= ハザードが起こる確率）が低い（= 値が小さい）ということを意味しています．コックス比例ハザード分析の回帰モデルは，coef から以下のように書けます．

$$\log_e(h(t)/h_0(t)) = -1.474 \times \text{sex} + 0.1392 \times \text{diseaseGN} + 0.4132 \times \text{diseaseAN} - 0.3671 \times \text{diseasePKD}$$

上式で，$\log_e(h(t)/h_0(\text{t}))$ は，ハザード比の対数で，本事例では，患者の状態 status と時間 time を用いて Surv(time, status) で表されます．説明変数の sex には共変量（性別のデータ）が，diseaseGN, diseaseAN, diseasePKD には各病気の共変量（頻度）が代入されます．関数**coxph()**ではモデルの仮定が成り立っているかを検定する3種類〔尤度比の検定（Likelihood ratio test）〕，ワルド検定（Wald test），スコア検定〔(Score(logrank) test)〕の検定の評価結果が表示されています．

3）カプラン-マイヤー曲線の描画

カプランマイヤー曲線は生存確率の時間変化を記述したグラフです．以下のように，関数**survfit()**で得られたモデルを生存時間に対してあてはめ，関数**plot()**を用いて，推定された生存曲線および信頼区間を描画できます（**図3.12.2**）．

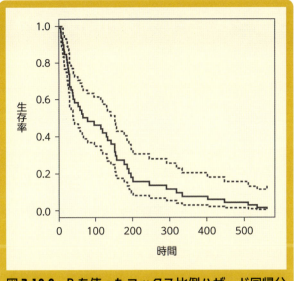

図 3.12.2　R を使ったコックス比例ハザード回帰分析の例（カプラン-マイヤー曲線）

上のグラフは，カプラン-マイヤー曲線とよばれるもので，腎臓病患者（本事例のすべての患者）の生存時間と生存率の関係を表し，実線はその結果で，点線は 95％信頼区間の上限と下限を示しています。

```
> kidney.fit<-survfit(kidney.cox)
> plot(kidney.fit)
```
このように入力します．

3.12　コックス比例ハザード回帰分析

第3章　参考文献〜検定や回帰分析に役立つ本

　ここでは生物関係者が検定や回帰分析するにあたって役に立つと思われる本をあげます．特に，医療関係者向けに，EZRというRのグラフィカルなツールがあるので，コードにどうしても馴染めない方は試してみるといいかもしれません．

1) 「マイナスから始める　医学・生物統計」（大橋 渉/著），中山書店，2012
2) 「今日から使える　医療統計」（新谷 歩/著），医学書院，2015
3) 「基礎生物学テキストシリーズ9 生物統計学」（向井文雄/編著），化学同人，2011
4) 「バイオサイエンスの統計学　正しく活用するための実践理論」（市原清志/著），南江堂，1990
5) 「みんなの医療統計 12日間で基礎理論とEZRを完全マスター！」（新谷 歩/著），講談社，2016
6) 「EZRでやさしく学ぶ統計学　改訂2版　EBMの実践から臨床研究まで」（神田善伸/著），中外医学社，2015
7) 「フリーソフトRを使ったらくらく医療統計解析入門　すぐに使える事例データと実用Rスクリプト付き」（大櫛陽一/著），中山書店，2016

第4章

多変量解析

　本章は，多変量解析について概観し，特に生物学的データ分析で頻繁に使われる多変量解析である主成分分析，判別分析，クラスター分析について，Rで簡単に試せる事例を紹介しています．多変量解析は，複数の変動要因（説明変数）を用いて，データを処理する手法の総称です．マイクロアレイや次世代シーケンサーなど超多次元データを用いる機会が増えるようになり生物学のデータ分析でも一般的に登場するようになっています．すでに，第3章で，回帰分析の発展型として，重回帰分析やロジスティック回帰分析，コックス比例ハザード回帰分析について説明していますが，本章ではこれらを含めた多変量解析について概観し，さらに，マイクロアレイのデータ解析で頻出する主成分分析，判別分析，クラスター分析について述べ，多変量解析の概要をつかんでいただくことを目指します．

第4章 多変量解析

4.1 多変量解析とは

生物学的な意義，研究との接点

多変量解析とは，説明変数が複数個あるデータを扱う統計解析の総称です．従来，生物学においては単回帰分析における体重と身長の関係のように，単一の要因同士の関係を調べる統計が主流でした（**3.7** 参照）．しかし，マイクロアレイや，次世代シーケンサーのような超多次元データが日常的に扱われているようになっている今日，日常の解析においても論文の投稿においても説明変数が複数個あるデータを扱うケースが増えており，多変量解析を扱う場面が増えています．詳細な数学的なアルゴリズムはともかくも，概要だけでも理解しておかないと論文を読むこともままならないということになります．

すでに，**第3章**で多変量解析の最も基本的な手法である重回帰分析について，また，その発展型ともいえるロジスティック回帰分析，コックス比例ハザード回帰分析について概要を紹介しました（**3.10～12** 参照）．本章では多変量解析を改めて整理し，**第3章**で述べられなかった他の解析方法で特に生物学的解析として論文に登場する主なもの（主成分分析，判別分析，クラスター分析）について紹介します．

多変量解析には説明変数や従属変数の種類や用途によっていろいろな手法が開発されています（**表4.1.1～2**）．

表 4.1.1　変数の種類による多変量解析の分類

		説明変数	
		量的データ	質的データ
従属変数	量的データ	重回帰分析 正準相関分析	数量化分析Ⅰ類
	質的データ	クラスター分析 判別分析 ロジスティック回帰分析	クラスター分析 数量化分析Ⅱ類
	なし	主成分分析 因子分析	数量化分析Ⅲ，Ⅳ類

表 4.1.2　目的による多変量解析の分類

目的	手法
数式モデルの作成と予測（従属変数が数値データ）	重回帰分析，数量化分析Ⅰ類
データの識別と結果の予測（従属変数がカテゴリカルデータ）	判別分析，数量化分析Ⅱ類
新規要因の選択，集約（従属変数なし）	主成分分析，因子分析，数量化分析Ⅲ類
似たもの同士をグループ化	クラスター分析

たくさんの方法がありますので，すべてを網羅しておらず主なものを示しています．以下，簡単にまとめます．

- **重回帰分析（multiple regression analysis）**

  回帰分析において説明変数が2つ以上（二次元以上）のもので，説明変数，従属変数ともに量的データをとります．いわゆる線形回帰モデル（$y = a + bx_1 + cx_2 + dx_3 + \cdots + mX_n$）を作成します（**3.10**参照）．

- **ロジスティック回帰分析（logistic regression analysis）**

  ロジスティック回帰分析は，重回帰分析と同じく説明変数が2つ以上（二次元以上）のもので，線形回帰モデルを作成します（**3.11**参照）．説明変数が量的データですが，従属変数は頻度や比率のデータをとります．

- **正準相関分析（canonical correlation analysis）**

  複数の説明変数同士の関係を正準相関係数という指標で調べる手法です．説明変数，従属変数ともに量的データをとります．

- **主成分分析（principal component analysis：PCA）**

  多元データを，少数の新しい次元（主成分といいます）をもつデータに置き換えてデータの特徴をみようとする手法です．説明変数が量的データ，従属変数は新しい座標軸に置き換えられた量的データをとります．

- **因子分析（factor analysis）**

  複数の説明変数の関係から関与する少数の因子をみつけ出そうとする手法です．説明変数が量的データで，みつけ出された因子が出力されます．

- **判別分析**

  複数の説明変数のデータから，ある分類にカテゴリー分けする関数（判別関数）を作成する手法です．説明変数が量的データ，従属変数がカテゴリー分けされた質的データ（病気か病気でないか，薬が効いたか効かなかったかなど）をとります．

- **クラスター分析**

  複数の説明変数のデータがある場合に，データの相互の関係からその類似度にもとづいていくつかのカテゴリーに分類する手法です．説明変数が量的データ，従属変数がカテゴリー分けされたいくつかの質的データをとります．また，従属変数がそれぞれのカテゴリー分けの類似の度合いである量的データになることもあります．

- **数量化分析Ⅰ～Ⅳ類**

  質的データを量的データにダミー変換して多変量解析をできるようにする手法です．数量化分析Ⅰ～Ⅳ類は，多変量解析に以下のように対応します．

  数量化分析Ⅰ類 – 重回帰分析　　　　　数量化分析Ⅲ類 – 主成分分析
  数量化分析Ⅱ類 – 判別分析　　　　　　数量化分析Ⅳ類 – 多次元尺度構成法*

---

* 多次元尺度構成法とは，複数の変数のデータがある場合に個々の変数の類似度を空間的な配置関係で表現する方法です．

Rの多変量解析のための関数

Rでは，多変量解析のためのいろいろなパッケージ関数が用意されています．主なものを以下に示します．個々の使い方は各項目で紹介します．

重回帰分析：**lm()**

ロジスティック回帰分析：**glm()**

正準相関分析：**cancor()**

主成分分析：**prcomp()，princomp()**

因子分析：**factanal()**

判別分析(MASSパッケージ)：線形判別関数 **lda()**，線形判別分析による予測 **predict()**

多次元尺度構成法：**cmdscale()**

クラスタリングと樹状図：階層的クラスタリング **hclust()，plclust()**，ヒートマップ **heatmap()**，k-means法によるクラスタリング **kmeans()**

第4章 多変量解析

4.2 主成分分析

生物学的な意義，研究との接点

主成分分析は，多次元データを少数の新しい次元（主成分といいます）をもつデータに置き換えてデータの特徴をみようとする手法です．生物学的によく登場するのは，マイクロアレイや次世代シーケンサーの発現定量解析などです．データのおおよその傾向を調べるときに用いられます．データのおおよその傾向，すなわち個々のデータの相互の関係や，どのような要因によってその関係が起因しているかを視覚的にとらえやすく表現します．また，同時に多次元の要因で表現されているデータの要因を少数の新たな要因におきかえることも行います．

主成分分析で行われている計算は，図4.2.1のような，XとYの座標軸で表現されるデータがある場合に，分散が最大になるような新たな座標軸〔第1主成分（図4.2.1のPC1）〕を求めることです．次に，そのPC1と直交する新たな座標軸〔第2主成分（図4.2.1のPC2）〕を求めます．このようにするとデータの傾向がわかりやすくなります．難しい理論は別にして数学的に端的に表現すると，これは2つの変数の分散共分散行列（2つの変数の分散と共分散で構成された行列）あるいは相関行列（2つの変数間の相関係数で構成された行列）に対して固有値問題を解く（固有値，固有ベクトルを求めること）ことにより求められます．固有値が最大化した分散，固有ベクトルが各主成分を構成する線形モデル（$y = ax_1 + bx_2 + cx_3 + \cdots + nx_m$）の係数ベクトル（$a, b, c, \cdots n$）に相当します．

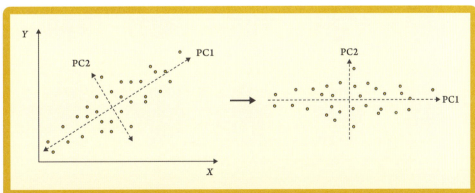

図4.2.1 主成分分析の原理
主成分分析は，分散が最大になるような新たな座標軸PC1（第1主成分），さらにこれに直交する分散が最大になる座標軸PC2（第2主成分）を求めるというやり方でデータを再編成します．これでデータの傾向が明確になります．

Rの実施例

ここでは，組込みデータ（USArrests）を用いた例を示します．

●1）組込みデータの確認

まず，組込みデータ（USArrests）を確認します．以下のように，head(USArrests)と入力します．州ごとの殺人（Murder），暴行（Assault），強姦（Rape）の10万人当たりの発生比率と都市人口（UrbanPop）が確認できます．

```
> head(USArrests)
           Murder Assault UrbanPop Rape
Alabama      13.2     236       58 21.2
Alaska       10.0     263       48 44.5
Arizona       8.1     294       80 31.0
Arkansas      8.8     190       50 19.5
California    9.0     276       91 40.6
Colorado      7.9     204       78 38.7
```

●2）主成分分析の実施

これに対して，以下のように関数 **prcomp()** を用いて主成分分析を行います．関数 **prcomp()** は，分散共分散を用いる主成分分析で，引数に scale=TRUE を指定するともとのデータの相関行列を用いた主成分分析になります．これは関数 **princomp()** では，引数は cor=TRUE となります．

```
> prcomp(USArrests, scale = TRUE)      ← このように入力します．
Standard deviations:                                                    計算結果
[1] 1.5748783 0.9948694 0.5971291 0.4164494

Rotation:
               PC1        PC2        PC3         PC4
Murder   -0.5358995  0.4181809 -0.3412327  0.64922780
Assault  -0.5831836  0.1879856 -0.2681484 -0.74340748
UrbanPop -0.2781909 -0.8728062 -0.3780158  0.13387773
Rape     -0.5434321 -0.1673186  0.8177779  0.08902432
```

PC1，PC2，PC3，PC4 はそれぞれ第 1 主成分，第 2 主成分，第 3 主成分，第 4 主成分を表し，その下の数値は各説明変数の係数ベクトルとなっています．

上記および，以下の **summary()** の出力結果における標準偏差（standard deviation）は，各主成分の標準偏差で，固有値（最大化した分散に対応）の正の平方根に等しくなっています．Rotation は計算された固有ベクトルです．各主成分は，$y = ax_1 + bx_2 + cx_3 + \cdots + nx_m$ で表現されますが，その係数のベクトル（$a, b, c, \cdots n$）が固有ベクトルに対応します．

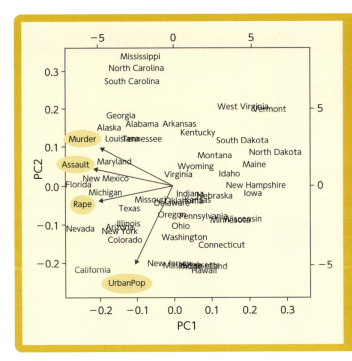

図 4.2.2　主成分分析の biplot の出力結果

主成分分析のグラフは，各データの相互関係を視覚的に表示できます．各説明変数〔殺人（Murder），暴行（Assault），強姦（Rape），都市人口（UrbanPop）〕を軸にした表示を矢印で示しており，州ごとのデータ点を州の名前で示しています．PC1 および PC2 は各説明変数から合成した新たな座標軸（新規の合成説明変数）で，主成分分析はこのように説明変数の次元を減らすことに使用されます．この図では，West Virginia などが，人口が少なく犯罪が少ないこと，California が人口も犯罪も多いこと，Florida や New Mexico が人口は中規模であるが犯罪が多いこと，が読み取れます．

以下の **summary()** で出力した出力結果のうち，Proportion of Variance は，各主成分の分散が全体の分散に占める割合で寄与率を表します．寄与率は，主成分分析において，その主成分の情報が分散に寄与した程度を表します．Cumulative Proportion は累積寄与率で，第 n 番目の（任意の順番の）主成分までに，もとの変数の情報がどれだけ分散に寄与したかを示します．

```
> summary(prcomp(USArrests, scale = TRUE))    ← このように入力します．
Importance of components:                                          ↓計算結果
                          PC1    PC2    PC3     PC4
Standard deviation     1.5749 0.9949 0.59713 0.41645
Proportion of Variance 0.6201 0.2474 0.08914 0.04336
Cumulative Proportion  0.6201 0.8675 0.95664 1.00000
```

各変数の州ごとの各データの主成分分析の結果を，第 1 主成分（PC1）を横軸に，第 2 主成分（PC2）を縦軸にプロットした biplot を描くには以下のように入力します．これで州ごとのおおよその犯罪傾向（相互の州の関係）がわかります（**図 4.2.2**）．

```
> biplot(prcomp(USArrests, scale = TRUE))
```

第4章 多変量解析

4.3 判別分析

生物学的な意義，研究との接点

判別分析は，複数の要因からなるデータが与えられているときに，これをいくつかのカテゴリーに識別する方法の総称です．生物学的な応用としては，検査結果から疾病の有無を判断する場合などが考えられます．例えば，がんの疑いのある人の血液由来 mRNA のマイクロアレイや次世代シーケンサーによる複数の遺伝子の発現量データをもとに，その人ががんに罹っているかいないかを予測する場合などです．線形判別分析は，重回帰分析における従属変数がカテゴリカルなデータの場合と考えることができます．

判別分析には，線形判別分析とマハラノビス距離*にもとづく判別分析があります．線形判別分析は $Y = ax_1 + bx_2 + cx_3 + d$ のような判定結果を予測する線形モデル（判別関数とよばれます）を用いるもので，重回帰分析における従属変数がカテゴリカルなデータの場合と考えることができます（**図4.3.1**）．マハラノビス距離にもとづく判別分析は，識別する各グループの中心からの距離にもとづく方法です．線形判別分析は，データが正規分布で等分散であることが前提となります．マハラノビス距離による判別分析はそのような前提はありません．ここでは線形判別分析の例を示します．

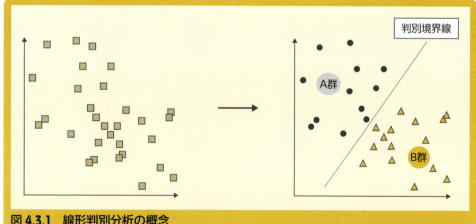

図 4.3.1 線形判別分析の概念
線形判別分析は，データをそのカテゴリ（例えば，左図の A 群と B 群）に分ける識別境界線を表す線形モデル（判別関数）を作成します．

＊ マハラノビス距離は，ユークリッド距離を標準偏差で補正した距離です．

Rの実施例

遺伝子a, b, cについて，5人の健常者，5人の患者の以下のような発現量データがあるとします．これを線形判別分析で分析してみます．

	a	b	c
健常者1	62	177	134
健常者2	69	140	86
健常者3	75	142	55
健常者4	49	117	100
健常者5	37	124	99
患者1	55	112	113
患者2	41	101	92
患者3	67	100	35
患者4	70	86	37
患者5	62	96	51

1) データの入力

以下のようにデータを入力した行列を用意します．

```
> a <- c(62,69,75,49,37,55,41,67,70,62)
> b <- c(177,140,142,117,124,112,101,100,86,96)
> c <- c(134,86,55,100,99,113,92,35,37,51)
> data <- t(rbind(a,b,c))
> data
```
このように入力します．

```
        a   b   c
 [1,]  62 177 134
 [2,]  69 140  86
 [3,]  75 142  55
 [4,]  49 117 100
 [5,]  37 124  99
 [6,]  55 112 113
 [7,]  41 101  92
 [8,]  67 100  35
 [9,]  70  86  37
[10,]  62  96  51
```
このように出力されます．

さらに，以下のように健常者，患者の分類を示すデータgrouping1を用意します．

```
> grouping1 <- matrix(c(rep("1",5),rep("0",5)),nrow=10,ncol=1)
```

2) 線形判別分析の実施

判別分析の関数を含むMASSパッケージをよび出し，関数**lda()**を実行して判別関数を求めます．

```
> library(MASS)
> (rlt1_1 <- lda(as.matrix(data), grouping1))
Call:
lda(as.matrix(data), grouping = grouping1)

Prior probabilities of groups:
  0   1
0.5 0.5

Group means:
     a   b    c
0 59.0  99 65.6
1 58.4 140 94.8

Coefficients of linear discriminants:
          LD1
a -0.08097267
b  0.09364603
c -0.03569151
```

このように入力します．／計算結果

判別関数の係数が出力されます．ここでは，a, b, c, の係数はそれぞれ，-0.08097267, 0.09364603, -0.03569151 であることがわかります．

上記から判別関数の係数（a：-0.08097267, b：0.09364603, c：-0.03569151）が得られます．定数項は以下のようにして得られます．

```
> apply(rlt1_1$means%*%rlt1_1$scaling,2,mean)
     LD1
3.575145
```
← このように入力します

これにより，以下の判別関数が得られます．

$$y = -0.08097267 \times x_1 + 0.09364603 \times x_2 - 0.03569151 \times x_3 - 3.575145$$

次にこの判別関数を用いて，このデータがどの程度予測できるかを確認します．これには，関数**predict()**を用います．

```
> (rlt1_2 <- predict(rlt1_1))
$class
 [1] 1 1 1 0 1 0 0 0 0 0
Levels: 0 1
```
← このように入力します／計算結果

```
$posterior
                 0            1
 [1,]  0.000111772 0.9998882280
 [2,]  0.075808141 0.9241918591
 [3,]  0.008163550 0.9918364501
 [4,]  0.608776014 0.3912239858
 [5,]  0.013516964 0.9864830359
 [6,]  0.988769020 0.0112309799
 [7,]  0.885963464 0.1140365360
 [8,]  0.925418845 0.0745811554
 [9,]  0.999210952 0.0007890479
[10,]  0.982999517 0.0170004833

$x
             LD1
 [1,]   3.1972333
 [2,]   0.8787143
 [3,]   1.6866072
 [4,]  -0.1553721
 [5,]   1.5075136
 [6,]  -1.5734279
 [7,]  -0.7203951
 [8,]  -0.8849143
 [9,]  -2.5102597
[10,]  -1.4256993
```

rlt1_2の出力結果の，$classが判別結果を示し，$xが判別スコアを示します．rlt1_2の結果の$classを取り出し，関数 **table()** で集計します．以下の結果，患者5名のうち5名が患者（感度：$100 \times 5/5 = 100\%$）と，健常者5名のうち4名（特異度：$100 \times 4/5 = 80\%$）が健常者と判定されました．

```
> table(grouping1, rlt1_2$class)        ←── このように入力します．


  grouping1 0 1                grouping1 の下に判定結果が出力され，上の 0 が患者，
          0 5 0                1 が健常者を意味します．また，左の 0 が陽性，1 が陰性を
          1 1 4                意味します．この例では，患者 5 名全員が陽性，健常者の
                               4 名が陰性，1 名が陽性と判定されたことがわかります．
```

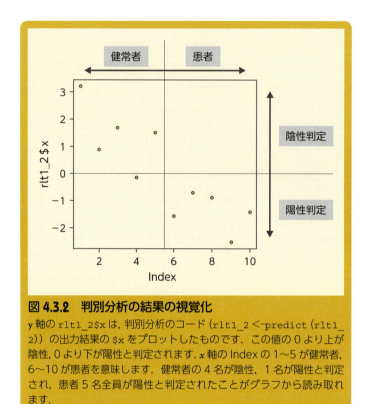

図 4.3.2 判別分析の結果の視覚化

y 軸の `rlt1_2$x` は，判別分析のコード（`rlt1_2 <-predict(rlt1_2)`）の出力結果の `$x` をプロットしたものです．この値の 0 より上が陰性，0 より下が陽性と判定されます．x 軸の Index の 1～5 が健常者，6～10 が患者を意味します．健常者の 4 名が陰性，1 名が陽性と判定され，患者 5 名全員が陽性と判定されたことがグラフから読み取れます．

`rlt1_2` の出力結果の `$x` を取り出して，以下のように入力してグラフを作成すると，判別分析の結果を視覚的に確認できます（**図 4.3.2**）．

```
> plot(rlt1_2$x)
> abline(h=0); abline(v=5.5)
```

第4章 多変量解析

4.4 階層的クラスター分析

生物学的な意義，研究との接点

クラスター分析は，複数の構成要素からなるデータを類似度や距離にもとづいてグループ分けする方法です．他の多変量解析と同様に多次元の生物学的データ，特にマイクロアレイや次世代シーケンサーの発現定量データを，発現量にもとづいて分類する場合に頻用されます．

クラスター分析にはいくつかの方法がありますが，特に論文によく登場する階層的クラスター分析を説明します．「クラスター」とは，類似しているもの同士が集まった塊のことをいいます．クラスター同士の似ている度合いを「距離」で表し，クラスター同士の距離が近いものを「類似度が高い」と表現します．複数の構成要素をその類似度にもとづいてグループ分けする場合には，ピアソンの相関係数やコサイン類似度が，距離にもとづいてグループ分けする場合には，ユークリッド距離やマハラノビス距離が用いられます（**図4.4.1**）．

階層的クラスターのクラスター間の距離の求め方の種類には以下のようなものがあります．

- 最近隣法〔最短距離法，Rの関数hclust()ではsingle〕
 各クラスター内の最も近い複数の構成要素の間の距離をクラスターの距離とします．
- 最遠隣法〔最長距離法，Rの関数hclust()ではcomplete〕
 各クラスター内の最も離れた複数の構成要素の間の距離をクラスターの距離とします．
- 群平均法〔Rの関数hclust()ではaverage〕

ピアソンの相関係数	$\mathrm{cor}(X, Y) = \dfrac{\sum(x_i - \bar{x})(y_i - \bar{y})}{\sqrt{\sum(x_i - \bar{x})^2 \sum(y_i - \bar{y})^2}}$
コサイン類似度	$_{\mathrm{Cos}}s(X, Y) = \dfrac{\sum x_i y_i}{\sqrt{\sum x_i^2 \sum y_i^2}}$
ユークリッド距離	$_E d(X, Y) = \sqrt{\sum(x_i - y_i)^2}$
マハラノビス距離	$d(\vec{x}, \vec{y}) = \sqrt{(\vec{x} - \vec{y})^{\mathrm{T}} \Sigma^{-1} (\vec{x} - \vec{y})}$
	$d(\vec{x}, \vec{y}) = \sqrt{\sum_{i=1}^{p} \dfrac{(x_i - y_i)^2}{\sigma_i^2}}$

図4.4.1 階層的クラスタリングにおける類似度と距離

Tは転置行列*，Σは共分散行列．マハラノビス距離は共分散行列が対角行列*ならば（異なる変数の間に相関がないならば），ユークリッド距離を標準偏差で割った値となります．マハラノビス距離の2番目の式．共分散行列が単位行列ならば，マハラノビス距離とユークリッド距離は等しくなります．＊：転置行列，対角行列については**補遺⑤**を参照．

各クラスター内の複数の構成要素間の平均距離をクラスターの距離とします．
- 重心法〔Rの関数hclust()ではcentroid〕
各クラスター内の重心の距離をクラスターの距離とします．
- メディアン法〔Rの関数hclust()ではmedian〕
各クラスター内の重み付けした重心の距離をクラスターの距離とします．
- ウォード法〔Rの関数hclust()ではward.Dまたはward.D2〕
ward.Dは旧法，ward.D2は新法で，ward.D2の使用が奨励されます．「群内平方和の増加量」が最小になる2つのクラスターを1つにまとめていきます．

Rの実施例

遺伝子a，b，cについて，5人の健常者，5人の患者の以下のような発現量データ（**4.3**と同じデータセット）を用いて，Rの関数**hclust()**を用いて階層的クラスター分析をしてみます．

	a	b	c
健常者1	62	177	134
健常者2	69	140	86
健常者3	75	142	55
健常者4	49	117	100
健常者5	37	124	99
患者1	55	112	113
患者2	41	101	92
患者3	67	100	35
患者4	70	86	37
患者5	62	96	51

● 1）データの入力

以下のようにデータを入力した行列を用意します．

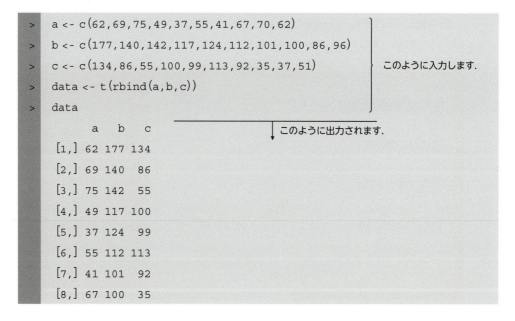

```
> a <- c(62,69,75,49,37,55,41,67,70,62)
> b <- c(177,140,142,117,124,112,101,100,86,96)
> c <- c(134,86,55,100,99,113,92,35,37,51)
> data <- t(rbind(a,b,c))
> data
        a   b   c
[1,]   62 177 134
[2,]   69 140  86
[3,]   75 142  55
[4,]   49 117 100
[5,]   37 124  99
[6,]   55 112 113
[7,]   41 101  92
[8,]   67 100  35
```

このように入力します．

このように出力されます．

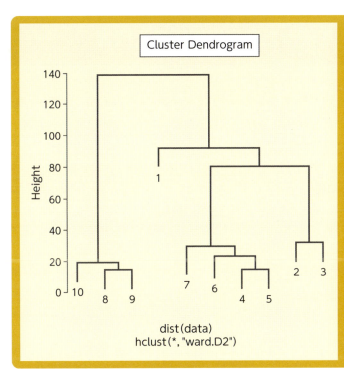

図 4.4.2　R による階層的クラスター分析のプロット例

クラスター分析では各データの類似の度合いを距離で表します．横軸の近いもの同士が，距離が近いことを表します．データの相互の類似関係は樹形図で表し，枝のまとまっているところでクラスターを形成していることが読み取れます．例えば，8，9，10 と 4，5，6，7 と 2，3 はそれぞれクラスターを形成しています．縦軸の Height は類似の度合いを表し，その枝の分岐点までの距離が短いほど類似していることを意味します．例えば，8，9 同士は，8，10 同士あるいは，8，7 同士と比較して分岐点までの距離 Height が短く，より類似していることが読み取れます．

```
[9,]  70  86  37
[10,] 62  96  51
```

● 2）階層的クラスター分析の実施

関数 **hclust()** において，ユークリッド距離，ウォード法を使用した解析を行い，**plot()** で結果をプロットします（**図 4.4.2**）．

```
> (result<-hclust(dist(data),method="ward.D2"))   ← このように入力します．

Call:
hclust(d = dist(data), method ="ward.D2")         ┐
                                                  │
                                                  │ 計算結果
Cluster method   : ward.D2                        │
Distance         : euclidean                      │
Number of objects: 10                             ┘
> plot(result)                                    ← このように入力します．
```

hclust() の実行結果は，result に入力されます．出力結果は，クラスター作成法〔ウォード法（ward.D2）〕や，距離〔ユークリッド距離（euclidean）〕などの計算方法の設定条件が表示され，**plot(result)** で，**図 4.4.2** のグラフが描画できます．

第4章 参考文献～Rを使った多変量解析の入門書

Rを中心とした多変量解析に関して，とっかかりになる書籍を以下にあげました．なお，本章の内容を深めるために，微分積分，微分方程式，偏微分，線形代数（行列，行列式，固有値問題）などについてざっとおさらいすることをお勧めします．

1)「医学的研究のための多変量解析 一般回帰モデルからマルチレベル解析まで」（Mitchell H. Katz/著，木原雅子，木原正博/監訳），メディカル・サイエンス・インターナショナル，2008
2)「Rで学ぶデータサイエンス2 多次元データ解析法」（金 明哲/編，中村永友/著），共立出版，2009
3)「統計学：Rを用いた入門書 改訂第2版」（Michael J. Crawley/著，野間口謙太郎，菊池泰樹/訳），共立出版，2016
4)「Rで学ぶデータサイエンス10 一般化線形モデル」（金 明哲/編，粕谷英一/著），共立出版，2012
5)「Rで学ぶデータサイエンス1 カテゴリカルデータ解析」（金 明哲/編，藤井良宜/著），共立出版，2010
6)「確率と情報の科学 データ解析のための統計モデリング入門 一般化線形モデル・階層ベイズモデル・MCMC」（久保拓弥/著），岩波書店，2012

第5章

機械学習

　本章では，機械学習の概要を説明し，Rで実感してもらうために簡単に試せる例を示しています．

　機械学習には，教師なし学習と教師あり学習，強化学習があります．現在よく実装されていて比較的簡単に試せるのは教師なし学習と教師あり学習です．教師なし学習は主に「分類」に，教師あり学習は「識別」に用います．機械学習のアルゴリズムは非常に複雑なものもありますが，Rで試すのみであるならば関数にデータをわたすだけで簡単に実行できます．教師なし学習にはk-means法，SOMなどのクラスタリング法が，教師あり学習には判別分析，サポートベクトルマシン，単純ベイズ識別法，ランダムフォレストなどの方法があります．

　機械学習のなかでも特にニューラルネットワークを用いたものは人間の脳の思考パターンを模倣したものです．分類や識別を伴う意思決定が必要なあらゆる場面で応用が可能ですが，残念ながら生物学では，遺伝学や進化生物学など限られた分野を除き，機械学習の応用が進んでいるとはいいがたい状況です．その成果や真価が評価されるのはこれからの課題といえます．特に臨床診断や農作物の生育予測など医療や農業への応用が期待されます．

第5章 機械学習

5.1 機械学習とは

生物学的な意義，研究との接点

機械学習は人工知能におけるエンジン部分に相当し，人間のもっている学習機能をコンピューターで実現しようとするもので，ニューラルネットワークなどを中心とした手法，技術です．データの分類や識別が主な機能で，データをもとに意思決定が生じるあらゆる場面で使用されます．生物学においては，病気の診断，予後予測などの医学応用や，農作物の生育予測などの実用が考えられますし，基礎的な分野でもタンパク質の構造予測，エキソン/イントロンの抽出などへの適用が考えられます．

機械学習の分類

機械学習は人間のもっている学習機能をコンピューターで実現しようとするものですので，よく知られているニューラルネットワークばかりではなく，これまでの章で説明した統計学的検定法や，回帰分析，多変量解析も機械学習に含んで説明されることもあります．本項では，それらを含めた機械学習全体を総括して整理します．機械学習はその手法により，通常，「教師あり学習」，「教師なし学習」および「強化学習」に分けられます．

● **教師あり学習**

教師あり学習とは，例えばがん患者や健常者などのあらかじめ分類のわかっている臨床血液検体のデータ（紐付けされた訓練データ）を扱って，血液検体由来のタンパク質や脂質組成などのデータをもとに予測モデル（予測をするための数式など）を作成し，新たな検体がある場合にその検体が患者に由来するか健常者に由来するかを「識別」する方法です（**図5.1.1**）．**第3章**で解説した回帰分析なども教師あり学習に含まれます．ロジスティック回帰（**3.11**参照），誤差逆伝播法（バックプロパゲーション）を含むニューラルネットワーク（後述）などのアルゴリズムがあげられます．

● **教師なし学習**

教師なし学習はそのようなあらかじめ与えられた情報がなく，例えば急性骨髄性白血病（AML），急性リンパ性白血病（ALL），慢性骨髄性白血病（CML），慢性リンパ性白血病（CLL）の4つの種類が知られている白血病において，どの白血病なのかわかっていない複数の患者の血液検体のタンパク質や脂質組成の成分データがある場合に，得られた血液検体中のタンパク質や脂質組成などをもとに郷里関係や病状により患者を「分類」する方法などが考えられます（**図5.1.2**）．階層的クラスター分析（**4.4**参照）や相関ルール学習が含まれ，アプリオリ・アルゴリズムやk-means法（k-平均法）（**5.2**参照）があげられます．一言でいえば，教師あり学習は「識別（予測）」する手法，教師なし学習は「分類」する手法といえます．

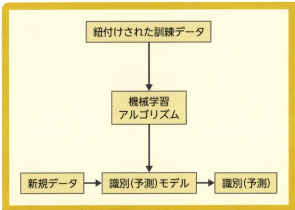

図 5.1.1　教師あり学習
紐付けされた訓練データがあり，それにもとづき新規データを「識別（予測）」します．

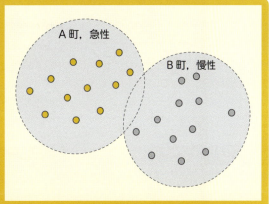

図 5.1.2　教師なし学習
データ間の相互の類似性にもとづき「分類」します．

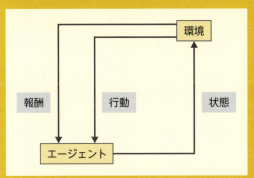

図 5.1.3　強化学習
ある環境におけるエージェントが現在の状態を観測し，とるべき行動を決定する問題を扱う機械学習の一種です．エージェントは「行動」を選択することで環境から「報酬」を得ます．強化学習は一連の行動を通じて報酬が最も多く得られるような方策を学習するしくみです．

● 強化学習

　強化学習は，試行錯誤を通じて「環境」に適応する学習制御を行うもので，あらかじめ紐付けされる教師が明示的に与えられておらず，それに対して得られる「報酬」から自分でどのような「行動」がよい結果をもたらすのかを判断して，よりよい「行動」を学習します（**図 5.1.3**）．図の「エージェント」は，人工知能における意思決定を行うエンジン部分で「行動主体」ともよばれます．

　以降に，教師あり学習および教師なし学習に用いられる主な技法を紹介します．非常にたくさんの手法があり全部網羅することは困難ですので，説明がないものについては適宜他の書籍などでご確認ください．

教師あり学習に用いられる手法

● ニューラルネットワークとディープラーニング

　ニューラルネットワークは，脳機能にみられるいくつかの特性を計算機上のシミュレーションによって表現することをめざした数学モデルです．入力ノード→中間ノード→出力ノードというように単一方向へのみ信号が伝播する単純な構造の人工ニューラルネットワークモデルを<u>単純パーセプトロン</u>といいます（**図 5.1.4**）．これを多層化したものが多層パーセプトロンです．

　多層パーセプトロンの学習モデルとして<u>誤差逆伝播法（バックプロパゲーション）</u>がデビッド・ラメルハートらにより提案されました．ニューラルネットワークでは，出力結果と学習データ（入力）

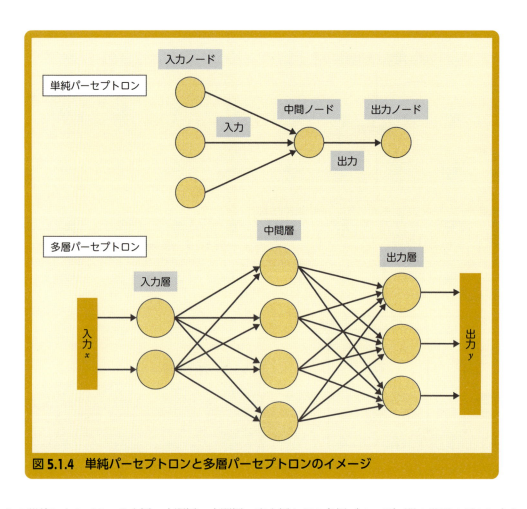

図 5.1.4 単純パーセプトロンと多層パーセプトロンのイメージ

との誤差にもとづき，入力層→中間層，中間層→出力層などの各層（ノード）間の学習モデルに含まれる係数を修正することで学習します．この方法ではその修正が出力側から入力側に向かって行われることから，誤差逆伝播法とよばれています．バックプロパゲーションという用語は，通常中間層が1層のときに用いられ，中間層が2層以上ある場合は深層学習（ディープラーニング）とよばれます．ディープラーニングは，多層構造のニューラルネットワークであり，ディープニューラルネットワークともよばれます．ディープラーニングのうち，各ノードが全結合していない順伝播型ニューラルネットワークは，畳み込みニューラルネットワーク（Convolutional Neural Networks：CNN）とよばれます．

● **判別分析**

多変量解析の一種で，事前に与えられているデータが異なるグループに分かれる場合，新しいデータが得られた際に，どちらのグループに入るのかを判別（識別）するための基準（判別関数など）を得る方法です（**4.3** 参照）．線形判別分析の場合は，すべてのグループが正規分布および等分散であることが前提です．

● **サポートベクトルマシン**

線形入力素子を利用して2つのクラスのパターン識別器を構成する手法です．訓練サンプルから，各データ点との距離が最大となるマージン最大化超平面を求めるという基準（超平面分離定理）で線形入力素子のパラメータを学習します（**5.4** 参照）．その数式モデルがカーネル関数に置き換えられ，非常に少ない計算量で強力な識別性能を達成できます．

- **単純ベイズ分類器**

  単純な独立性仮定（分類仮定）を，ベイズの定理を適用することにより実施する方法です．スパムメールフィルタとして使われることが多く，病気の診断などにも応用できます（**5.5** 参照）．

- **ランダムフォレスト**

  複数の決定木*（弱識別器）の結果を合わせて識別・回帰・クラスタリングを行う方法です（**5.6** 参照）．入力学習データからのランダムサンプリングをくり返して弱識別器を構成します．高速で，シンプルで，わかりやすく，精度もよく，大量データを用いた学習に適しているといわれています．

教師なし学習に用いられる手法

- **クラスタリング**

  多変量解析の一種で，多数のデータで似ているもの同士をその類似性にもとづいてグループごとにまとめて分類する方法の総称で，データの分類が階層的になされる階層的クラスター分析（**4.4** 参照）と，特定のクラスター数に分類する非階層的クラスター分析とがあります．

- **k-means 法（k-平均法）**

  非階層的クラスタリングのアルゴリズムで，クラスターの平均を用い，与えられたクラスター数 k 個に分類することから k-means 法（k-平均法）とよばれます（**5.2** 参照）．

  次項以降で，k-means 法，自己組織化マップ（SOM），サポートベクトルマシン，ランダムフォレストのRによる使用例を紹介します．本章は各機械学習法がどういうもので，Rで実行するとどのような感じになるかを実感してもらうために示したごく簡単な例ですので，細かいパラメータ設定や最適化などは行っていません．詳細は章末の参考文献などをご参照ください．

Rの機械学習パッケージの例

R には，以下のように多数の機械学習パッケージがあります．いくつかの使い方は次項以降に示します．

パッケージ名	用途
e1071	サポートベクターマシン，ナイーブベイズ分類器など
randomForest	ランダムフォレスト
gbm	勾配ブースティングマシン
nnet	順伝播型ニューラルネットワーク，多変量対数線形モデルなど
kernlab	カーネルベースの機械学習（サポートベクターマシンなど）
rpart	分類と回帰による決定木
igraph	ネットワーク分析（グラフ分析）
caret	分類と回帰による予測モデルの作成
glmnet	Lasso 回帰などによる正則化（変数の縮減などの操作）を行う
party	決定木，ランダムフォレスト
tree	決定木（分類木，回帰木）
ROCR	分類スコアによる可視化
arules	頻出アイテム集合（frequent itemset）と相関ルール（association rule）
RWeka	R の Weka（Java ベースの機械学習ツール）インターフェース
h2o	ディープラーニングツール

---

* 決定木とは，もととなる集合を属性値テストにもとづいて部分集合に分割することにより行うもので，木構造をしています．

第5章 機械学習

5.2 k-means 法

生物学的な意義，研究との接点

教師なし学習の1つ，k-means法はマイクロアレイのデータ分析でしばしば用いられます．生態学における植物種の分類をその各器官のサイズなどにもとづいて行うことにも用いられます．アルゴリズムが簡単で，すぐに結果が出ますので各群の中心点（平均値）をもとにざっと分類してみて傾向をつかむことができます．

k-means法は，教師なし学習の1つで，以下のようなアルゴリズムで行われます（**図5.2.1**）．
① k 個の群に分類したいとします．最初に，k 個のクラスターの中心になる点をランダムに決めます．
② すべてのデータと k 個のクラスターの中心（重心）までの距離を求め，各データを最も近いクラスターに分類します．
③ 新たに形成されたクラスターについてそのクラスターの中心を求めます．中心は平均値が用いられます．このためk-平均法という名前がついています．
④ その後，①にもどり新たな k 個の点を求め③まで実施します．この①〜③の行程を，クラスターの中心が一定の値に収束するまで，あるいはあらかじめ指定した回数だけくり返します．

距離の目安は，平方ユークリッド距離が用いられます．

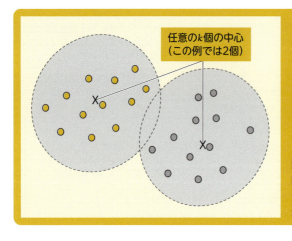

図5.2.1　k-means法の考え方
k-means法は，任意に k 個の中心点をランダムに決め，各データをその各中心点に一番近いところに割りあてます．

Rの実施例

ここでは **4.3**, **4.4** の例をそのまま用いてみます．遺伝子a，b，cについて5人の健常者，5人の患者の以下のような発現量データがあるとします．これをk-means法で分析してみます．

	a	b	c
健常者1	62	177	134
健常者2	69	140	86
健常者3	75	142	55
健常者4	49	117	100
健常者5	37	124	99

	a	b	c
患者1	55	112	113
患者2	41	101	92
患者3	67	100	35
患者4	70	86	37
患者5	62	96	51

● 1) データの入力

以下のようにデータを入力した行列を用意します．

```
> a <- c(62,69,75,49,37,55,41,67,70,62)
> b <- c(177,140,142,117,124,112,101,100,86,96)
> c <- c(134,86,55,100,99,113,92,35,37,51)
> data <- t(rbind(a,b,c))
> data
        a   b   c
 [1,] 62 177 134
 [2,] 69 140  86
 [3,] 75 142  55
 [4,] 49 117 100
 [5,] 37 124  99
 [6,] 55 112 113
 [7,] 41 101  92
 [8,] 67 100  35
 [9,] 70  86  37
[10,] 62  96  51
```

このように入力します．

このように出力されます．

● 2) 健常者，患者の分類と遺伝子発現量の確認

さらに，以下のように健常者，患者の分類を示すデータ grouping1 を関数 **matrix()** を使って用意します．

```
> grouping1 <- matrix(c(rep("1",5),rep("2",5)),nrow=10,ncol=1)
```

関数 **plot()** を用いて二次プロットし，ペアワイズ散布図で変数（遺伝子発現量）との関係を確認します（**図5.2.2**）．図から遺伝子b，cの相関がよいことがわかります．図の丸印（○）が健常者，三角印（△）が患者を示しています．

```
> plot(as.data.frame(data),pch=as.numeric(grouping1),cex=2)
```

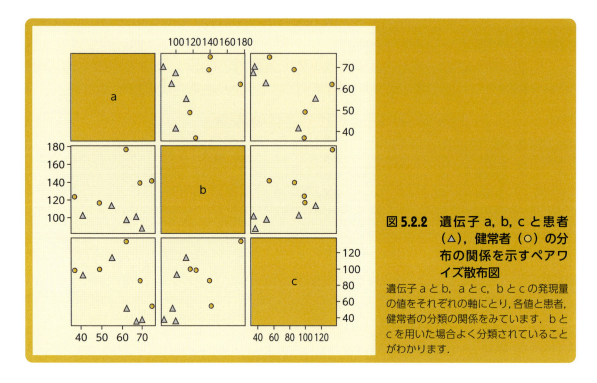

図5.2.2 遺伝子a, b, cと患者（△），健常者（○）の分布の関係を示すペアワイズ散布図
遺伝子aとb, aとc, bとcの発現量の値をそれぞれの軸にとり，各値と患者，健常者の分類の関係をみています．bとcを用いた場合よく分類されていることがわかります．

● 3）k-means法によるデータの分類

健常者，患者という情報がわかっていないと仮定して，以下のように関数 **kmeans()** で，k-means法による分類を行います．以下の Clustering vector が，k-means法による分類の結果です*．

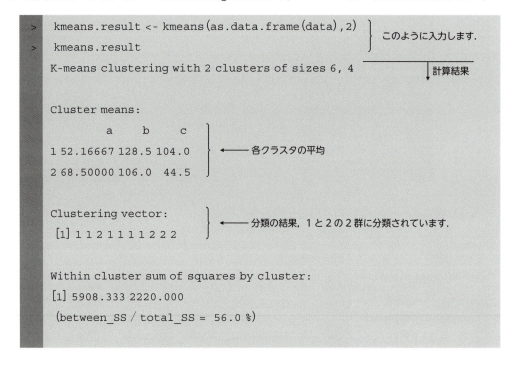

* この例はあくまでもダミーデータによるデモですので，再現よく結果が出ないこともあることをご了承ください．

```
Available components:

[1] "cluster"    "centers"   "totss"    "withinss"   "tot.withinss"
    "betweenss"
[7] "size"       "iter"      "ifault"
```

● 4) k-means 法の分類と実際の分類との照合

次に関数 **table()** により k-means 法による分類の結果と，実際の健常者，患者の関係を表示します．以下のように，患者 5 名に対し，陽性と判定されたものが 3 名で感度は 60%（100 × 3/5 = 60），健常者 5 名に対し，陰性と判定されたものが 4 名で特異度は 80%（100 × 4/5 = 80）であったことがわかります．k-means 法の分類結果と実際の健常者，患者の関係を比較することで k-means 法の分類精度を評価できます．

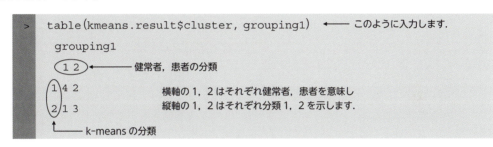

以下に関数 **plot()** を用いて，k-means 法の判定結果を示しています（**図 5.2.3**）．

```
> plot(as.data.frame(data), pch=kmeans.result$cluster,cex=2)
```

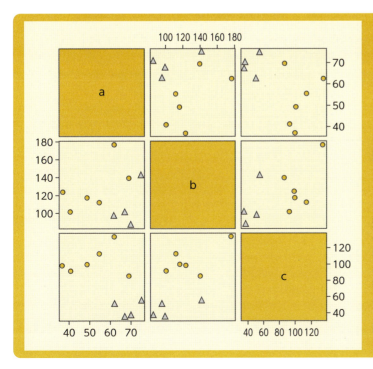

図 5.2.3 遺伝子 a, b, c と k-means 法の陽性（△），陰性（○）の分布の関係を示すペアワイズ散布図

遺伝子 a と b, a と c, b と c の発現量の値をそれぞれの軸にとり，各値と k-means の 2 つの分類 1, 2 の関係がよみとれます．ここでは k-means 法で患者の多かった分類 2 を陽性，健常者の多かった分類 1 を陰性としました．特に b と c で表したペアワイズ図での分類は k-means 法でよくあたっていることがわかります．

第5章 機械学習

5.3 自己組織化マップ（SOM）

生物学的な意義，研究との接点

教師なし学習の1つ，自己組織化マップ（SOM）はマイクロアレイのデータ分析でしばしば用いられます．アルゴリズムはブラックボックスですが，k-means法と同様，すぐに結果が出ますので相互に類似しているものどうしざっと分類してみて傾向をつかむことができます．

自己組織化マップ（SOM）はコホーネンによって提案されたモデルであり，ニューラルネットワークの一種で，大脳皮質の視覚野をモデル化したものです．ここでの自己組織化とは，成分因子の相互の類似関係を数値化し，それを似ているものどうしを集めたものをさしていますがSOMは，これをニューラルネットを用いて達成します．教師なし学習により入力データを任意の次元へ写像します．

Rの実施例

ここでは **4.3**，**4.4** の例をそのまま用いてみます．**5.2** と同様に遺伝子a，b，cについて5人の健常者，5人の患者の発現量データがあるとします．これをSOMで分析した例を示します．

- 1) データの入力

以下のようにデータを入力した行列を用意します．

```
> a <- c(62,69,75,49,37,55,41,67,70,62)
> b <- c(177,140,142,117,124,112,101,100,86,96)
> c <- c(134,86,55,100,99,113,92,35,37,51)
> data <- t(rbind(a,b,c))
> data
      a   b   c
[1,] 62 177 134
[2,] 69 140  86
[3,] 75 142  55
[4,] 49 117 100
[5,] 37 124  99
[6,] 55 112 113
[7,] 41 101  92
[8,] 67 100  35
```

このように入力します．

このように出力されます．

```
 [9,] 70 86 37
[10,] 62 96 51
```

さらに，以下のように健常者，患者の分類を示すデータ grouping1 を用意します．

```
> grouping1 <- matrix(c(rep("1",5),rep("2",5)),nrow=10,ncol=1)
```

● **2）自己組織化マップ（SOM）の実施**

somパッケージをインストールしていない場合は，関数 **install.packages()** を用いてインストールし，関数 **library()** でsomパッケージ関数をよび出します．

```
> install.packages("som")
> library(som)
```

関数 **t()** を用いてデータを転置した後，関数 **normalize()** を用いてデータを遺伝子ごとに正規化し（この場合の正規化はz変換），これを関数 **t()** でもとに戻して，**som()** でSOMを行って，**plot()** で表示します（**図5.3.1**）．

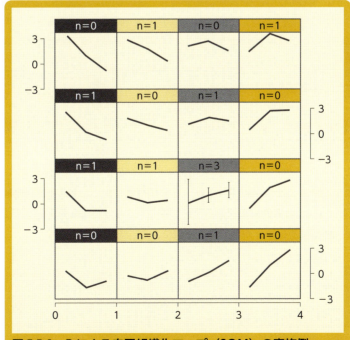

図5.3.1　RによるSOM（自己組織化マップ）の実施例
各マスはa, b, cの発現パターンを示し一番左上はa, b, cの順に発現量が下がっているパターン，一番右上はbが高いパターンです．「n=」は各パターンに分類されたデータの数を示します．

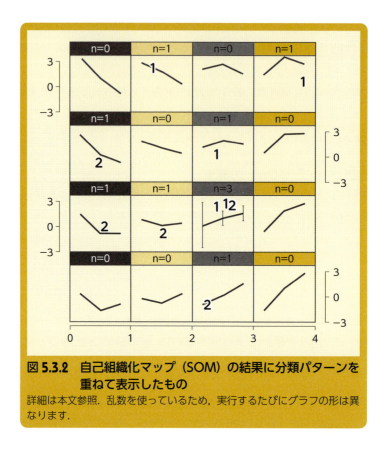

図 5.3.2 自己組織化マップ（SOM）の結果に分類パターンを重ねて表示したもの
詳細は本文参照．乱数を使っているため，実行するたびにグラフの形は異なります．

```
> data.n <- normalize(t(data))
> data.som<-som(t(data.n), xdim=4, ydim=4)
> plot(data.som)
```

図 5.3.1 にあるように，SOM の結果が 4×4 のペアワイズで表示され各パターン（各マスのカーブは a，b，c 3 点での測定値のパターンを示します）ごとの頻度が「n＝」で表示されます．このままではわかりにくいので，表示に工夫します．data.som の結果である $visual に分類の情報があります．これに乱数を発生させてほんの少しだけ，各分類情報に足し込み，関数 **points()** で表示すると，**図 5.3.2** に示すように，健常者に現れたパターンが 1，患者に現れたパターンが 2 と表示され，健常者は遺伝子 c が，患者は遺伝子 a が比較的高発現であることがわかります．

```
> ransu <- cbind(rnorm(nrow(data),0, 0.25),rnorm(nrow(data), 0, 0.25))
> data.som.new<-data.som$visual[,1:2]+0.5+ransu
> points(data.som.new, pch = grouping1, cex = 2)
```

第5章 機械学習

5.4 サポートベクトルマシン

生物学的な意義，研究との接点

サポートベクトルマシンは，最もよく使われる機械学習技術の1つで，次世代シーケンサー，マイクロアレイなどの発現定量解析を含む生物学の二項識別（陽性陰性などの2つのカテゴリのいずれかに識別すること）を行うすべての場面（例えば臨床診断や生物の分類など）で応用されます．多変量解析における判別分析のような機能をもちます．

サポートベクトルマシンは，特徴ベクトル（多変量データの定量値をベクトルで表現したもの）で表現される2つのデータセット間のマージン（間隔の意味）を最大化する超平面とよばれる決定境界を学習する識別器です（**図 5.4.1**）．2つのデータセット間のマージンを最大化する決定境界を学習しますが，その決定境界（を含む複雑な式）はデータセットの特徴ベクトルを含むカーネル関数とよばれるより単純な関数に置換できます．このカーネル関数が定義できれば，明確なパラメータを得る必要がないため非常に強力な識別法になります．

Rの実施例

Rにはサポートベクトルマシン用のいくつかのパッケージがあります（e1071, kernlab など）．ここではサポートベクトルマシンの簡単な例としてRのパッケージ e1071 の関数 **svm()** を用いた例を示します．ここでは **4.3**, **4.4** の例をそのまま用いてみます．**5.2** と同様に遺伝子 a, b, c について5人の健常者，5人の患者の発現量データがあるとします．

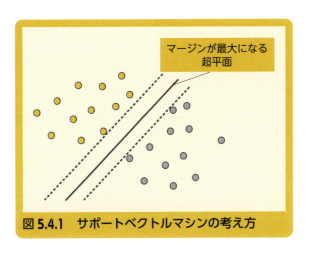

図 5.4.1 サポートベクトルマシンの考え方

1) データの入力

以下のようにa，b，cのデータを入力し，健常者，患者の分類を示すデータgrouping1を加えた行列を用意します．

```
> a <- c(62,69,75,49,37,55,41,67,70,62)
> b <- c(177,140,142,117,124,112,101,100,86,96)
> c <- c(134,86,55,100,99,113,92,35,37,51)
> grouping1 <- matrix(c(rep("Contol",5),rep("Patient",5)),
  nrow=10,ncol=1)
> data <- data.frame(a,b,c,grouping1)
> data
     a   b   c grouping1
1   62 177 134    Contol
2   69 140  86    Contol
3   75 142  55    Contol
4   49 117 100    Contol
5   37 124  99    Contol
6   55 112 113   Patient
7   41 101  92   Patient
8   67 100  35   Patient
9   70  86  37   Patient
10  62  96  51   Patient
```

このように入力します．

このように出力されます．

2) サポートベクトルマシンの実施

サポートベクトルマシンには，ここではe1071パッケージを用います．これはlibsvmとよばれる機械学習用のC++ライブラリを使用します．関数**svm()**を用いて分類モデルdata.svmを作成します．

```
> install.packages("e1071")
> library(e1071)
> data.svm <- svm(grouping1~.,data)
> summary(data.svm)

Call:
svm(formula = grouping1 ~ ., data = data)


Parameters:
   SVM-Type:  C-classification
 SVM-Kernel:  radial
```

このように入力します．

計算結果

ここではサポートベクトルマシンの分類による要約が示されています．

```
        cost: 1
     gamma: 0.3333333

Number of Support Vectors: 10        Number of Support Vectors は
                                     識別に用いたサポートベクトルの数
 ( 5 5 )                             を表し，Number of Classes は識
                                     別された分類群の数を示します．



Number of Classes: 2

Levels:
 Contol Patient
```

関数 **predict()** を用いて分類モデル data.svm を data を用いて予測し，関数 **table()** で分類を確認します．感度 60%〔3/(2+3)〕，特異度 100%（5/5）の予測精度であることが確認できます．

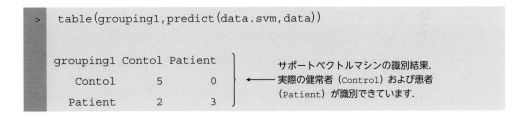

サポートベクトルマシンの識別結果．実際の健常者（Control）および患者（Patient）が識別できています．

5.4 サポートベクトルマシン

第5章 機械学習

5.5 単純ベイズ分類器

生物学的な意義，研究との接点

単純ベイズ分類器は，ベイズの定理にもとづいてある特定の事象が起こるかどうかを予測します．例えば，ある電子メールのテキストパターンにより，それがスパムメールであるかを判定します．いわゆる教師あり学習の一種で，判別分析やサポートベクトルマシンなどと同様，疾患の有無と臨床データなどの紐付きデータがあるときに，そのデータを用いて判定モデルを作成し他の患者の新規の臨床データをもとにその患者が疾患であるかどうかを判定したりします．

強い独立性の仮定とベイズの定理を適用することにもとづいた教師あり学習です．ベイズの定理は以下の式で表され，A と B という2つの事象があるとき，$P(B)$ を事前確率といい，$P(B|A)$ を事後確率といいます．

$$P(B|A) = \frac{P(A|B)\, P(B)}{P(A)}$$

$P(B|A)$ は，A が起こったときの B の起こる確率で，正確な表現ではありませんが A が原因で，B が結果にあたります．例えば，タバコを吸っていた人の確率を $P(A)$，がんになった人の確率を $P(B)$ とすると，$P(B|A)$ は，タバコを吸っていた人のうちのがんになった人の確率になります．$P(A|B)$ は，がんになった人のうちのタバコを吸っていた人の確率で，尤度とよばれます．

ここで，以下のように1〜n個の変数 $F_1 \sim F_n$ について、各変数 F_i が互いに独立である場合，以下のように，$p(C|F_1, \cdots, F_n)$ は，単純に各 $p(C|F_1)$，$\cdots$，$p(C|F_n)$ の積で計算できます．これがナイーブベイズ分類器のなかで用いられている単純ベイズ確率モデルです．

$$p(C|F_1, \cdots, F_n) = \frac{p(C)\, p(F_1, \cdots, F_n|C)}{Z}$$

$$= \frac{p(C, F_1, \cdots, F_n)}{Z}$$

$$= \frac{1}{Z} p(C) \prod_{i=1}^{n} p(F_i|C)$$

Z は，$F_1, \cdots, F_n$ で決まる係数で，$F_1, \cdots, F_n$ が既知の場合は定数となります．ナイーブベイズ分類器では，この $p(C|F_1, \cdots, F_n)$ の確率が最大になるような仮説（モデル）を選択します．

Rの実施例

Rのパッケージ e1071（**5.4** 参照）の関数 **naiveBayes()** を用いた例を示します．ここでは，**4.3**，

4.4の例をそのまま用います．単純に**5.4**の例の関数**svm()**を**naiveBayes()**に置き換えるだけでありきわめて簡単にできます．**5.2**，**5.4**と同様に遺伝子a，b，cについて5人の健常者，5人の患者の以下のような発現量データがあるとします．

- **1）データの入力**

以下のようにa，b，cのデータを入力し，健常者，患者の分類を示すデータgrouping1を加えた行列を用意します．

```
> a <- c(62,69,75,49,37,55,41,67,70,62)
> b <- c(177,140,142,117,124,112,101,100,86,96)
> c <- c(134,86,55,100,99,113,92,35,37,51)
> grouping1 <- matrix(c(rep("Contol",5),rep("Patient",5)),
  nrow=10,ncol=1)
> data <- data.frame(a,b,c,grouping1)
> data
```
このように入力します．

```
    a   b   c  grouping1
1  62 177 134    Contol
2  69 140  86    Contol
3  75 142  55    Contol
4  49 117 100    Contol
5  37 124  99    Contol
6  55 112 113   Patient
7  41 101  92   Patient
8  67 100  35   Patient
9  70  86  37   Patient
10 62  96  51   Patient
```
このように出力されます．

- **2）ナイーブベイズ分類器の実施**

e1071パッケージの関数**naiveBayes()**を用いて分類モデルdata.nbを作成し，これを関数**predict()**でテストデータが予測できるかを確認します．感度，特異度ともに100%の結果が得られます．

```
> install.packages("e1071")
> library(e1071)
> data.nb <- naiveBayes(grouping1~.,data)
> table(grouping1,predict(data.nb,data))
```
このように入力します．

```
grouping1 Contol Patient
  Contol       5       0
  Patient      0       5
```
← ナイーブベイズの識別結果．実際の健常者（Contol）および患者（Patient）が識別できています．

第5章 機械学習

5.6 ランダムフォレスト

生物学的な意義，研究との接点

複数の決定木（**5.1 の脚注**参照）の結果を合わせて識別を行うもので，臨床でのいろいろな病型が存在する病気の患者の識別（例えば白血病の患者が，急性骨髄性白血病・慢性骨髄性白血病・急性リンパ性白血病・慢性リンパ性白血病のどの病型かの識別）などに用いられます．他の機械学習法に比べて識別精度が優れているといわれています．

複数の決定木（弱識別器）の結果をあわせて識別・回帰・クラスタリングを行うアンサンブル学習とよばれる機械学習の一種（図 **5.6.1**）で，各決定木の学習に用いる訓練事例集合は，（乱数にもとづく復元抽出である）ブートストラップサンプリング（**6.2** 参照）によって生成します．決定木の出力が離散型のクラス（識別結果，例えば，病気，患者など）の場合はその多数決，連続型の確率分布の場合はその平均値が最大となるクラス（グループ，分類群のこと）を選択します．

R の実施例

randomForest パッケージを用いたランダムフォレストの例を示します．ここでは **4.3**, **4.4** の例をそのまま用います．単純に **5.4**, **5.5** の例の e1071 パッケージを randomForest パッケージに，関数を **randomForest()** に置き換えるだけでありきわめて簡単にできます．

- 1）データの入力

 5.2 と同様に遺伝子 a, b, c の発現量データについて 5 人の健常者，5 人の患者の発現量データがあるとします．

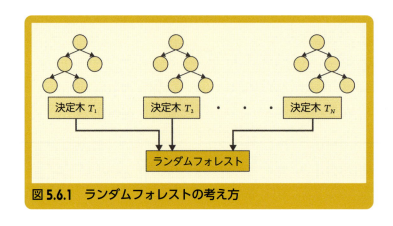

図 **5.6.1** ランダムフォレストの考え方

```
> a <- c(62,69,75,49,37,55,41,67,70,62)
> b <- c(177,140,142,117,124,112,101,100,86,96)
> c <- c(134,86,55,100,99,113,92,35,37,51)
> grouping1 <- matrix(c(rep("Contol",5),rep("Patient",5)),
  nrow=10,ncol=1)
> data <- data.frame(a,b,c,grouping1)
> data
    a   b   c grouping1
1  62 177 134    Contol
2  69 140  86    Contol
3  75 142  55    Contol
4  49 117 100    Contol
5  37 124  99    Contol
6  55 112 113   Patient
7  41 101  92   Patient
8  67 100  35   Patient
9  70  86  37   Patient
10 62  96  51   Patient
```

このように入力します．

このように出力されます．

● 2) ランダムフォレストの実施

randomForest パッケージの関数 **randomForest()** を用いて分類モデル data.rf を作成し，これを関数 **predict()** でテストデータが予測できるかを確認します．この例の場合，感度，特異度ともに 100％の結果が得られます．

```
> install.packages("randomForest")
> library(randomForest)
> data.rf <- randomForest(grouping1~.,data)
> table(grouping1,predict(data.rf,data))
grouping1 Contol Patient
   Contol      5       0
  Patient      0       5
```

このように入力します．

ランダムフォレストの識別結果，実際の健常者（Control）および患者（Patient）が識別できています．

第5章 参考文献〜機械学習のさらなる理解のために

　本章は機械学習をはじめて学ぶ生物系の方のための入門に過ぎません．本章で機械学習がどういうものかを実感することはできます．しかし実際のところ，本章の内容だけでは機械学習のすべてを理解できたとか，使いこなせるとはいえません．機械学習を実際に行うには，詳細なパラメータ設定や最適化を行う必要があります．これらについては以下の参考文献などをあたってください．

1) 「Rによるデータサイエンス データ解析の基礎から最新手法まで」（金 明哲/著），森北出版，2007
2) 「ITエンジニアのための機械学習理論入門」（中井悦司/著），技術評論社，2015
3) 「Software Design plus シリーズ データサイエンティスト養成読本 機械学習入門編」（比戸将平，他/著），技術評論社，2015
4) 「Rで学ぶデータサイエンス6 マシンラーニング第2版」（金 明哲/編，辻谷將明，竹澤邦夫/著），共立出版，2015
5) 「Rで学ぶデータサイエンス5 パターン認識」（金 明哲/編，金森敬文，他/著），共立出版，2009
6) 「Rで学ぶデータサイエンス3 ベイズ統計データ解析」（金 明哲/編，姜 興起/著），共立出版，2010
7) 「TokyoTech Be-TEXT 統計的機械学習 生成モデルに基づくパターン認識」（杉山 将/著），オーム社，2009
8) 「パターン認識と機械学習 上 ベイズ理論による統計的予測」（C. M. ビショップ/著，元田 浩，他/監訳），丸善出版，2007
9) 「パターン認識と機械学習 下 ベイズ理論による統計的予測」（C. M. ビショップ/著，元田 浩，他/監訳），丸善出版，2008

第6章

無作為抽出法と計算機統計学

　本章では，計算機レベルの無作為抽出法について説明します．例えば，大量のデータが得られ，その平均や分散などを通常の計算機では量が多すぎて計算不能な場合に，乱数を発生させそれにもとづいて大量データから一部のデータを抽出して平均などを求めて，もとのデータの平均を推定するなどのことが行われます．この方法は，次世代シーケンサーや，マイクロアレイなど大量データ処理には必須となってくるテクニックです．さらに，進化生物学やタンパク質の立体構造予測など大量の組合わせがありそのなかで最適の組合わせを選択する場合などでも用いられます．

　最初に，乱数発生による計算機手法の総称であるモンテカルロ法についての概要をお話します．その後，個々の無作為抽出法であるブートストラップ法，マルコフ連鎖モンテカルロ法について述べます．これらの乱数を用いた応用例は，補遺で簡単に述べます．その応用例としては，最尤推定法（補遺❶.5）およびベイズ推定法（補遺❶.4），マルコフ連鎖モンテカルロ法を発展させた統計モデルである確率過程（補遺❶.6）などがあります．最尤推定法やベイズ推定法，遺伝統計学や進化生物学に応用され，確率過程は臨床での予後予測や，農作物の生育予測に使える有望な方法です．

第6章 無作為抽出法と計算機統計学

6.1 モンテカルロ法

生物学的な意義，研究との接点

　近年，次世代シーケンサーやマイクロアレイの普及により生物学的データが大量に増えています．この状況に対応し，分散ファイルシステムや分散処理，高性能コンピューターなどの導入により，大量のデータを処理することが可能になっています．しかし，遺伝子やアミノ酸などの配列置換や臨床診断における検査項目などの多数の説明変数の組合わせ最適化などを行いたい分野，例えば進化学や，臨床検査，タンパク質の構造予測研究などにおいては，解析に必要な計算処理数はこれらの限界を超えるほど大量に増えます．実質的には計算不能な場合も少なくありません．この場合に，解析不能なほどの大量のデータ群から乱数にしたがって一部を抽出して，全体の性状を推測したり，全体を分類識別したりします．これがモンテカルロ法です．

　最近の身近なモンテカルロ法の応用例としては，人工知能の囲碁プログラム「アルファ碁」（AlphaGo）があります．囲碁は，碁石の配置の可能性が将棋やチェスなどの他のゲームと比較して爆発的に大きく，プログラムによる勝利がなかなか達成できませんでした．この可能性をモンテカルロ法により絞り込むモンテカルロ木検索が考案され，これとニューラルネットワークが進化したディープラーニングを用いた機械学習法（**第5章**参照）と組合わせることにより，人間のプロを凌ぐ強さを達成することが可能になっています．

　モンテカルロ法は，乱数を発生させ，それを用いてデータを処理する手法の総称です．大量のデータから無作為にデータの一部を抽出し，その平均を求めて全体の平均を推定したりします．データの抽出は無作為抽出により行われますが，そのうち復元抽出（データを取り出した後に，そのデータをもとに戻して再度抽出すること）によるものをブートストラップ，非復元抽出（データを取り出した後に，そのデータをもとに戻さずに新たに抽出すること）によるものをジャックナイフといいます．マルコフ連鎖にもとづいて，乱数を発生させることをマルコフ連鎖モンテカルロ法といいます．マルコフ連鎖は状態がどんどん変化していきますが，その変化後の状態が変化前の状態のみによって決まる連鎖のことで，マルコフ連鎖モンテカルロ法はベイズ推定でよく用いられます．

Rによる計算例

- **モンテカルロ法で円周率を求める**

　モンテカルロ法の最も簡単な例として，Rを用いて乱数を発生させ，円周率を求めてみます．乱数は関数 **runif()** により発生させます．

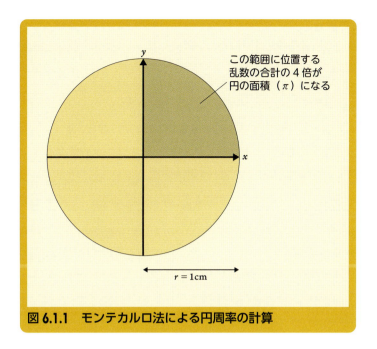

図 6.1.1 モンテカルロ法による円周率の計算

ここで,原点を中心とする半径 r が 1 の円は,$x^2 + y^2 = \pi \cdot r^2 = \pi \cdot 1^2 = \pi$ と表記できます.したがって,円の範囲は $x^2 + y^2 = \pi r^2 \leqq 1$ です.乱数は,関数 **runif()** により,$x = [0,1], y = [0,1]$ の範囲で発生します.この範囲は,原点を中心とする半径 r が 1 の円全体の面積の 1/4 です(**図 6.1.1**).したがって,この範囲($x = [0,1], y = [0,1]$)で円の範囲内($x^2 + y^2 < 1$)に位置するデータ数(乱数)の数を合計して 4 倍すれば円の面積 $\pi r^2 = \pi \cdot 1^2 = \pi$ となります.これを R で計算すると以下のようになります.100,000,000 の乱数を発生させた場合(サンプルコードの runif() で乱数を発生させています),3.141487 となり 0.003% の精度で求められています.なお,1 億個の乱数を発生させるので,コンピュータ環境によっては計算に時間がかかります.

```
> n <- 100000000                    ← 発生する乱数の数を指定
> x <- runif(n)                     ← 乱数の発生
> y <- runif(n)                     ← 乱数の発生
> z <- (x^2+y^2)                    ← x² + y² = 1 の範囲を指定
> zin <- z[z <= 1]                  ← x² + y² < 1 の範囲を指定
> (epi <- 4*(length(zin)/n))        ← 4 倍し,π を求めます.
[1] 3.141487                        ← 乱数を使っているので,ここの値は
                                       計算ごとに変わります.
> 100-100*(epi/pi)                  ← 精度の計算
[1] 0.003371971

> plot(x[z<=1],y[z<=1],pch=20)      ← 乱数計算で求めた 1/4 の円の図が描画されます
                                       ($n$ = 100,000,000)
```

● モンテカルロ積分

乱数を用いたデータ分析により，積分の近似計算が可能です．簡単な例を示します．以下の積分の近似計算を実施してみます．

$$\theta = \int_0^1 e^{-x} dx$$

ここで，$\theta = \int_0^1 g(x)\,dx$ を計算することを考えるとします．もし，$X_1, \cdots, X_m$ が一様分布 $Uniform[0, 1]$ からの無作為標本を発生させた場合に，以下の式において，m の値を大きくしていくと，大数の強法則（**2.27** 参照）により，$E[g(X)] = \theta$ に収束します．

$$\hat{\theta} = \overline{g_m(X)} = \frac{1}{m} \sum_{i=1}^{m} g(X_i)$$

このとき，$\theta = \int_0^1 g(x)\,dx$ の積分推定値（モンテカルロ積分推定値）は，$\overline{g_m(X)}$ となります．

つまり，乱数を m 個発生させた $X_1, \cdots, X_m$ の平均値を求めれば，$\theta = \int_0^1 g(x)\,dx$ の値となります．そこで以下のように乱数を 10,000 個発生させ〔以下のように runif(m) を用いて乱数を発生させます〕，$\exp(-x)$ の平均値を求めます．

```
> m <- 10000
> x <- runif(m)
> theta.hat <- mean(exp(-x))
> print(theta.hat)
[1] 0.6318578        ← 乱数を用いているため，ここの値は
                       計算ごとに変わります．
> print(1 - exp(-1))
[1] 0.6321206
```

$\theta = \int_0^1 g(x)\,dx$ の積分推定値 $\hat{\theta}$ は，0.6318578 でした．一方，$\theta = \int_0^1 g(x)\,dx$ の計算値は，$1 - \exp(-1) = 0.6321206$ であり，近似的な値が求まっていることが確認できます．

第6章 無作為抽出法と計算機統計学

6.2 ブートストラップ

生物学的な意義，研究との接点

ブートストラップ法は，乱数にもとづいて大量データから一部のデータを抽出する方法で，大量データの平均値や信頼区間などのパラメータを推定したり，仮説検定や回帰分析を行ったりすることに用いられます．例えば，最尤推定法におけるパラメータの最適化など，進化系統樹の作成や，遺伝統計解析に応用されます．

乱数にもとづく無作為抽出のうち復元抽出にもとづく抽出法をブートストラップ，非復元抽出にもとづく抽出法をジャックナイフとよびます．

モンテカルロ法のうち，復元抽出（データを取り出した後に，そのデータをもとに戻して再度抽出すること）によるものをブートストラップ，非復元抽出（データを取り出した後に，そのデータをもとに戻さずに新たに抽出すること）によるものをジャックナイフといいます．大量のデータから無作為にデータの一部を抽出し，その平均を求めて全体の平均を推定したりします．すなわち，データの抽出が計算機による無作為抽出により行われます．

Rによる計算例

以下のような，健常者 a の20回分の血糖値，糖尿病患者 b の20回分の血糖値があるとします．

```
> a<-c(60, 83, 97, 88, 56, 106, 119, 83, 102, 99, 97, 91, 85, 105, 107,
70, 118, 99, 99, 120)
> b<-c(138, 118, 133, 130, 152, 137, 145, 165, 126, 153, 141, 114, 151,
160, 155, 140, 126, 122, 162, 141)
```

それぞれ，関数 sample() を用い1～20の範囲の整数で乱数 m, n を発生させ，乱数に対応する標本 $a[m]$, $b[n]$ を抽出し，ブートストラップ標本とします．引数 replace=TRUE は復元抽出を意味します．ジャックナイフの場合，非復元抽出なので引数 replace=FALSE を指定します．これらブートストラップ標本の平均値と全標本の平均値を求めてみます．

```
> m <- sample(1:20,10,replace=TRUE)
> m
[1] 4 16 19 2 16 13 19 20 18 7
```

1～20の範囲の乱数（乱数を用いているところは計算ごとに値が変わります）

```
> a[m]
  [1]  88  70  99  83  70  85  99 120  99 119    ← 乱数に対応する血糖値
> mean(a[m])
  [1] 93.2    ← ブートストラップ標本 a[m] の平均値
> mean(a)
  [1] 94.2    ← 真の平均値（ここの値は変わりません）
```

a のブートストラップによる推定平均値は 93.2 であり，真の平均値 94.2 に近い値が得られています．

```
> n <- sample(1:20,10,replace=TRUE)
> n
  [1]  2 12  7  8  6  9 18 12 11 15    ← 1〜20 の範囲の乱数
> b[n]
  [1] 133 116 143 157 160 156 172 116 136 119    ← 乱数に対応する血糖値
> mean(b[n])
  [1] 140.8    ← ブートストラップ標本 b[n] の平均値
> mean(b)
  [1] 140.45   ← 真の平均値
```

また，b のブートストラップ標本による推定平均値は 140.8 であり，真の平均値 140.45 に近い値が得られています．

この 2 つのブートストラップ標本 $a[m]$, $b[n]$ を用いて，スチューデントの t 検定（モンテカルロ検定）を行い，真の値 a, b を用いたスチューデントの t 検定と比較します．

```
> t.test(a[m],b[n],var.equal = TRUE)    ← ブートストラップ標本
                                          a[m], b[n] の t 検定

        Two Sample t-test

data:  a[n] and b[n]
t = -5.8996, df = 18, p-value = 1.385e-05
alternative hypothesis: true difference in means is not equal to 0
95 percent confidence interval:
 -58.31289 -27.68711
sample estimates:
mean of x mean of y
    97.8     140.8
```

p 値（p-value）は 1.385e-05 となり，棄却限界値 α を 0.05 とするとそれより十分に小さい値であるので $a[m]$ と $b[n]$ の推定平均値の間に有意差ありと判定します．

```
> t.test(a,b,var.equal = TRUE)    ← 全標本 a, b の t 検定
```

```
        Two Sample t-test

data:  a and b
t = -8.9094, df = 38, p-value = 7.635e-11
alternative hypothesis: true difference in means is not equal to 0
95 percent confidence interval:
 -56.75888 -35.74112
sample estimates:
mean of x mean of y
    94.2    140.45
```

p 値（p-value）は 1.175e-09 となり，棄却限界値 α を 0.05 とするとそれより十分に小さい値であるので a と b の平均値に有意差ありと判定します．

$a[m]$, $b[n]$ のステューデントの t 検定による p 値の推定値は 1.385e-05 で，a, b のステューデントの t 検定による p 値の推定値は 7.635e-11 となり，いずれの検定でも両者の血糖値に有意差がありと判定されます．

並べ替え検定

モンテカルロ法による p 値のより正確な推定値を求める検定法に並べ替え検定があります．まず，前述の例で m 個の a 群と，n 個の b 群とで t 検定量 t_0 を求めます．次に，前述の例で抽出した $m+n=N$ 個のサンプルについて，大きい順に並び替え，その N 個から，m 個取り出し，この群と，残りの n 個の群で t 統計量を求める場合，その取り出し方は，$(m+n)!/m!n!$ 通りあります．この各 t 統計量が，前述の例の t 統計量 t_0 より大きいものの数を，$(m+n)!/m!n!$ で割った値を並べ替え p 値といいます．標本サイズが大きくなると並べ替え p 値を求めるのが困難となります．この並べ替え p 値が棄却限界値 0.05 より小さいときに両群の母集団に違いがある可能性があると判断します．

第6章 無作為抽出法と計算機統計学

6.3 マルコフ連鎖モンテカルロ法（MCMC）

生物学的な意義，研究との接点

近年，遺伝統計解析や，進化系統解析などあらゆる確率と予測が関係する分野において，ベイズ統計（補遺❶.4 参照）が使われるようになっています．その事後確率や事後分布をシミュレーションする方法として<u>マルコフ連鎖モンテカルロ法（MCMC）</u>が使われます．

マルコフ連鎖モンテカルロ法では，ある特定の確率分布から一定の確率分布に収束するまで乱数を発生させます．「収束した分布」を<u>目標分布</u>といい，「収束した一定の分布」を<u>定常分布</u>といいます．「最初のある特定の分布」を<u>提案分布</u>といいます．提案分布から，ある値（発生した乱数の直前の値）をもとにある値（乱数）を生成します．その生成した値が，その生成直前の乱数より目標分布に収束する確率が高い場合に採用（受理）してその値に移動し，低い場合に不採用（棄却）としてその値に移動しないという方法をとります．マルコフ連鎖モンテカルロ法では，この最終的に目標分布が定常分布になるようにする乱数発生方法を，<u>メトロポリス・ヘイスティングアルゴリズム</u>といいます．

メトロポリスアルゴリズムとランダムウォーク

メトロポリス・ヘイスティングアルゴリズムで，提案分布の関数を $g(x)$ とし，生成直前の値を X，生成した値を Y とした場合に $g(X|Y) = g(Y|X)$ の関係が成り立つようにした方法を<u>メトロポリスアルゴリズム</u>といいます．$g(X|Y) = g(Y|X)$ の関係は対称性とよばれ，これが成り立っているとランダムウォーク（乱歩）をシミュレートできることがわかっています．むしろ，メトロポリス・ヘイスティングアルゴリズムのうち，ランダムウォークをシミュレートしたいときに採用される方法がメトロポリスアルゴリズムということができます．

ギブスサンプリング

また，二変量の値 (x_1, x_2) がある場合に，乱数発生時に片方の値 x_2 を固定して x_1 のみを変化させた乱数を発生させ，次の乱数発生時にはもう片方の値 x_1 を固定して x_2 のみを変化させた乱数を発生させるというやり方で，格子状の乱数を発生させる方法を<u>ギブスサンプリング</u>といいます．片方の値を固定した分布を<u>条件付き分布</u>といいます．

Rによる計算例

マルコフ連鎖モンテカルロ法のうち，正規分布から乱数を発生させ，t 分布に収束した乱数となるランダムウォークをシミュレートしてみます．この場合，乱数を 2,000 個発生させ，正規分布，t 分布の分散は 0.5 で，乱数の初期値は 25 としています．乱数は 100 個めぐらいから収束し（**図 6.3.1**），t

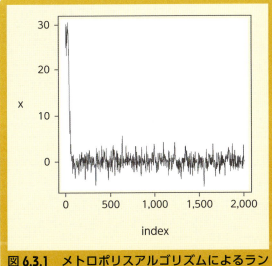

図 6.3.1 メトロポリスアルゴリズムによるランダムウォークのシミュレート

横軸は乱数の発生回数（index）を，縦軸は発生した乱数の数値を示します．発生した乱数が乱数発生にしたがって収束してきているのがわかります．

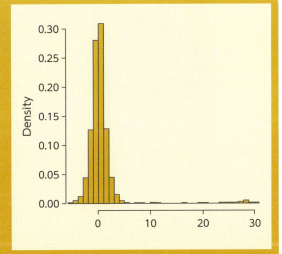

図 6.3.2 メトロポリスアルゴリズムによるランダムウォークの密度分布

横軸は発生した乱数の数値を，縦軸は発生した乱数の密度（Density）を示します．発生した乱数の分布（目標分布）はほぼ正規分布にしたがっていることが確認できます．

分布（定常分布）になっているのがわかります（**図 6.3.2**）．

```
> rw.Metropolis <- function(n, sigma, x0, N) {    ← 乱数発生のアルゴリズム
+   x <- numeric(N)                                ← 乱数生成数
+   x[1] <- x0                                     ← 乱数の初期値
+   u <- runif(N)                                  ← 乱数生成
+   k <- 0                                         ← 棄却数の初期値
+   for (i in 2:N) {
+     y <- rnorm(1, x[i-1], sigma)                 ← 提案分布の正規分布生成
+     if (u[i] <= (dt(y, n) / dt(x[i-1], n)))      ← 目標分布の t 分布生成と選択
+       x[i] <- y else {                           ← 目標分布の棄却
+         x[i] <- x[i-1]                           ← 目標分布の受理
+         k <- k+1                                 ← 棄却数の更新
+       }
+   }
+   return(list(x=x, k=k))
+ }

> n <- 4                                           ← 目標分布のステューデントの t 検定の自由度
> N <- 2000                                        ← 発生した乱数の数
> sigma <- .5                                      ← 分散
```

```
> x0 <- 25                                           ← 初期値
> rw <- rw.Metropolis(n, sigma, x0, N)               ← ランダムウォークの実施
> index <- 1:2000
> y1 <- rw$x[index]
> plot(index, y1, type="l", main="", ylab="x")       ← グラフのプロット
> hist(y1, breaks="scott", main="", xlab="", freq=FALSE)
                                                     ← ヒストグラムのプロット
```

第6章 参考文献〜モンテカルロ法の関連書籍

　本章は，モンテカルロ法について，ブートストラップとマルコフ連鎖モンテカルロ法を解説しました．これらについては，ここに書ききれないほど多くの応用例があるので参考文献で確認してください．

1) 「Rによる計算機統計学」(Maria L. Rizzo/著, 石井一夫, 村田真樹/訳), オーム社, 2011
2) 「Rによるモンテカルロ法入門」(C. P. ロバート, G. カセーラ/著, 石田基広, 石田和枝/訳), 丸善出版, 2012
3) 「Rで学ぶベイズ統計学入門」(J. アルバート/著, 石田基広, 石田和枝/訳), 丸善出版, 2010
4) 「Rで学ぶデータサイエンス3 ベイズ統計データ解析」(金 明哲/編, 姜 興起/著), 共立出版, 2010
5) 「Rで学ぶデータサイエンス4 ブートストラップ入門」(金 明哲/編, 汪 金芳, 桜井裕仁/著), 共立出版, 2011
6) 「確率と情報の科学 データ解析のための統計モデリング入門 一般化線形モデル・階層ベイズモデル・MCMC」(久保拓弥/著), 岩波書店, 2012

補遺

　本書は，生物学を専門とする方々への統計への入門を目的にしています．本書では，多くの統計学以外の数学的用語が出てきますが，本文ではこれらについて説明することなく述べていることがしばしばです．補遺ではそれらの用語の理解を主な目的として基本的事項を補足します．ほとんどが高校で学習する範囲の復習になります．

　補遺❶では確率論的な事項に関する補足を行います．確率論的事項に関しては，実験または試行の結果の集合を扱う，古典的な確率に関する事項の他，観測結果から得られる確率にもとづいて母数を推定する最尤推定法，条件付き事前確率にもとづいて事後確率を求めるベイズ統計，本文での解説が不十分と思われるノンパラメトリックな統計手法も補足します．

　補遺❷は数式を理解するための高校レベルの復習的な内容です．すでに了解済みで，必要のない方は読み飛ばしていただき，必要な方のみメモ程度に参照してください．詳細は，高校，大学初級レベルの数学の本を見ていただいた方がいいでしょう．最後に，本文に掲載していなかった積率について述べています．積率についての詳細は，本書の範囲を超えると思われますので簡単な説明にとどめます．

　補遺❸は多変量解析で登場する行列，ベクトルに関する事項，特に固有値問題を整理します．

　補遺❹は統計解析で使われるソフトウェアについて補足します．

補遺 1 統計学を理解するための確率論

1.1 順列と組合わせ

遺伝の法則を考える場合に，前提知識として順列，組合わせは必須です．遺伝形質は，二項定理にしたがって伝播します．本項ではそれらの知識を整理します．

A，C，G，Tの異なるヌクレオチドがある場合に，3つを独立に選択して並べるのに何通りの並びがあるかという問題を考えてみます．単純に各回，A，C，G，Tの4つのなかから1つずつ選ぶことになりますので，

$$4 \times 4 \times 4 = 64 \text{（通り）}$$

です．

順列

順列の例として，遺伝子A，B，C，Dがあってその発現順位のパターンが何通りあるかを考えてみます．これは，図❶.1.1に示すように，同じものは二度と選択できませんので，1個選ぶごとに，選択肢が1つずつ減っていきます．したがって，

$$4 \times 3 \times 2 = 24 \text{（通り）}$$

です．これがいわゆる順列で，n個からr個選択するというような場合は$_nP_r$という形で表現します．この場合は$_4P_3$となります．その総数は以下のような公式で表されます．

$$n \cdot (n-1) \cdot (n-2) \cdots (n-r+1)$$

階乗記号を用いて表現すると以下のようになります．

$$\frac{n!}{(n-r)!}$$

今回の例では$n=4$から$r=3$ですので，

$$4 \times (4-1) \times (4-3+1) = 4 \times 3 \times 2 = 24$$

となります．選択する場合に同じものを再度選択しない標本の抽出を非復元抽出といいます．

組合わせ

組合わせの例として，A，B，C，Dの4種類の薬剤から，3種類の薬剤の併用療法で最適治療を試みるというケースを考えてみます．このような選択パターンを組合わせといい，$_nC_m$で表し，以下の式で計算されます．

$$_nC_m = \frac{n \times (n-1) \times \cdots \times (n-m+1)}{m \times (m-1) \times \cdots \times 1}$$

この例では$_4C_3$となり，$4 \times (4-1) \times (4-3+1) / 3 \times 2 \times 1$となって，4通りになります．組合わ

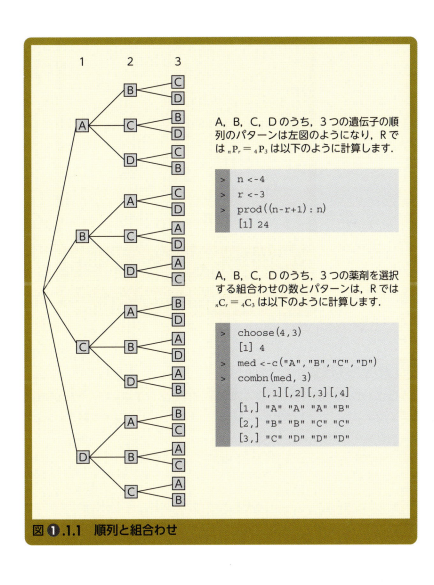

図 ❶.1.1　順列と組合わせ

せのように，事象を選択する場合に同じものを選択することを許す標本の抽出を<u>復元抽出</u>といいます．

二項定理

<u>二項定理</u>は，$(x+y)^n$（二項式 $x+y$ のべき乗）展開のための公式です．以下のように表現されます．

$$(x+y)^n = \binom{n}{0}x^n y^0 + \binom{n}{1}x^{n-1}y^1 + \binom{n}{2}x^{n-2}y^2 + \cdots + \binom{n}{n-1}x^1 y^{n-1} + \binom{n}{n}x^0 y^n$$

Σ 記号でまとめると以下のようになります．

$$(x+y)^n = \sum_{k=0}^{n}\binom{n}{k}x^{n-k}y^k = \sum_{k=0}^{n}\binom{n}{k}x^k y^{n-k}$$

この式の係数である二項係数は n 個から k 個選ぶ組合わせの数 $_nC_k$ に等しくなっています．二項展開における係数を三角形状に並べたパスカルの三角形というものを，二項分布を扱う場合に意識しておくと理解しやすく計算しやすいかもしれません（**図❶.1.2**）．

図 ❶.1.2 パスカルの三角形
二項展開における係数を三角形状に並べたものをパスカルの三角形といいます．二項分布を扱う場合に意識しておくと理解しやすいです．

遺伝子の表現形質

　統計が遺伝子との表現形質の頻度の計算に利用されていることを示すために，遺伝子の表現形質と二項定理の関係について最も簡単な例を紹介します．さらに実践的な例について興味がある方は他の遺伝子関連書籍をご参照ください．

　ある集団中で独立に遺伝する遺伝子 A と遺伝子 a の頻度をそれぞれ p と q であるとすると，以下の関係が成り立ちます．

$$p + q = 1$$

この遺伝子 AA，Aa，aa をもった個体の頻度は二項分布をし，以下のような式で表現されます．

$$(0.5 + 0.5)^2 = {}_2C_0(0.5)^2 + {}_2C_1(0.5)^2 + {}_2C_2(0.5)^2$$

　この比は，1：2：1 となります．これを，F_2 とよんでいますが，F_3 の場合，$[{}_2C_0(0.5)^2 + {}_2C_1(0.5)^2 + {}_2C_2(0.5)^2]^2$ の式をあてはめ，各遺伝子型の頻度の組合わせは，$A^4 : A^3a : A^2a^2 : Aa^3 : a^4 = 1 : 4 : 6 : 4 : 1$ となります．

補遺 1　統計学を理解するための確率論

1.2 確率と期待値などに関する補足

生物学における統計学は確率論にもとづいて議論されます．したがって関連の用語は頻繁に出てきます．本項では，確率論に関する用語のうち本文で述べきれていない基本事項について補足します．

確率

確率とは，ある事象の起こりうる度合のことです．古典的にいえば，起こりうるすべての事象の数で，ある注目する事象の数を割って求められます．

ある実測値をもつ各事象とその起こりうる確率を結びつけた変数を確率変数といいます（図❶.2.1）．その確率は確率分布（および確率関数）（図❶.2.2）で表現され，確率分布が決まると期待値や分散の計算が可能になります．

期待値

● 離散型確率変数の場合

実測値の集合 $\{x_1, x_2, \cdots, x_i\}$ に対する確率関数を $P(X = x_i)$ とした場合，その期待値 $E(X)$（平均値）は以下の式で表されます．

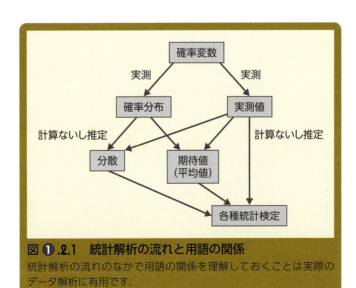

図 ❶.2.1　統計解析の流れと用語の関係
統計解析の流れのなかで用語の関係を理解しておくことは実際のデータ解析に有用です．

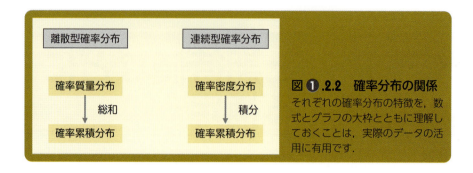

図 ❶.2.2　確率分布の関係
それぞれの確率分布の特徴を，数式とグラフの大枠とともに理解しておくことは，実際のデータの活用に有用です．

$$E(X) = \sum_{i=1}^{\infty} x_i P(X = x_i) = x_1 P(x_1) + x_2 P(x_2) + \cdots + x_i P(x_i)$$

● **連続型確率変数の場合**

実現値の集合が連続型確率変数の場合，確率変数 X の期待値 $E(X)$（平均値）は積分可能な確率変数 X に対して以下の式で表されます．

$$E(X) = \int_{\Omega} X(\omega)\, dP(\omega)$$

ここで，ω は式に入力する何らかのパラメータ（変数）で，$\int$ 記号の下についている Ω は無限大に積分することを意味します．

同時確率分布と周辺確率分布

本書では深く立ち入りませんが，多項の確率分布を扱うときに出てくる概念です．

● **同時確率分布**

確率変数が複数個ある場合に，複数の確率変数がとる値の組に対して，その発生の度合を，確率を用いて記述するものを同時確率分布（結合確率分布）といい

$$P x_1, x_2, \cdots, x_n (x_1, x_2, \cdots, x_n)$$

で表現されます．わかりやすくいえば，A という事象と B という事象を解析する場合に A と B が同時に起こる確率事象を記述した分布です．

累積分布関数と確率密度関数，確率質量関数なども同様に，

$$F x_1, x_2, \cdots, x_n (x_1, x_2, \cdots, x_n)$$
$$f x_1, x_2, \cdots, x_n (x_1, x_2, \cdots, x_n)$$

などと記述されます．

● **周辺確率分布**

2つの確率変数の結合確率分布 X, Y を二次元の表に表示した場合に，表の周辺部に配置される X のみ，または Y のみの分布成分です．これは，ベイズの定理（**補遺❶.4** 参照）で A と B という2つの事象をみた場合に A の事前分布と事後分布について調べているときの，条件なしで B の起こる確率のことをいいます．つまり，以下のようなベイズの定理でいう $P(B)$ が周辺確率分布です．

$$P(A|B) = \frac{P(B|A)\,P(A)}{P(B)}$$

補遺 1 統計学を理解するための確率論

1.3 パラメトリックとノンパラメトリック

生物学的検定においては，測定集団の分布が正規分布をしていると仮定し，平均と分散を用いて検定を行うパラメトリック検定が多く用いられます．しかし，実際の測定には正規分布が前提として仮定できない場合は多くあり，その場合は平均と分散を用いずに測定価の順位の和などを用いて検定を行うノンパラメトリック検定が用いられます．

パラメトリックな統計手法

母集団が正規分布をすると仮定し，その代表値として標本から得られた平均値や分散などの母数（パラメータ）を用いて，母集団の検定や推定を行う統計手法をパラメトリック統計手法とよびます．

比較的イメージしやすいのがステューデントの t 検定です．ステューデントの t 検定は，観測対象が正規分布をすることを仮定し，平均と分散を用いて以下のような式で求められるパラメータである T 値にもとづいて検定が行われます．

$$T = \frac{\bar{x} - \mu_0}{s/\sqrt{n}}$$

ここで，$\bar{x}$ は母平均の推定値，s は標準偏差，n は標本サイズ，μ は検定を行いたい対象の標本平均です．パラメトリック手法には，平均値の差の検定を行うときに用いられるステューデントの t 検定や，分散分析（ANOVA），回帰分析などがあります（**第3章**参照）．

ノンパラメトリックな統計手法

一方で，ノンパラメトリック統計手法は母集団の分布の前提を仮定しません．すなわち統計処理を行う際に，はっきりとした数値データ（比率尺度や間隔尺度）を必要としません（**1.3**参照）．その代わりに，順序尺度データや，カテゴリカルデータの順位を用います．

ノンパラメトリック統計手法の特徴は，前提条件を必要としない分，使用範囲が広いことです．また，はずれ値の影響をほとんど受けないという「頑健性」があります．

一方で，データ処理の際に数値データを捨てていることもあり，検出力が弱く，対応するパラメトリック検定と同等の検出力をもたせたい場合はより多くの標本数を必要とします．つまり，有意差が出にくいという特徴があります．

パラメトリック統計手法とノンパラメトリック統計手法は，汎用性と検出力の間でトレードオフがあり，その点を使用の際に考慮する必要があります．実際に使用する際に参考となると思われるパラメトリック統計手法，ノンパラメトリック統計手法の特徴や，検定の内容を，**表❶.3.1**，**表❶.3.2** にまとめています．

表❶.3.1 パラメトリック・ノンパラメトリック検定のまとめ

	パラメトリック検定	ノンパラメトリック検定
1 標本のデータ	・ステューデントの t 検定（平均値の検定） ・ウェルチの t 検定（平均値の検定）	・なし
2 標本のデータ	・ステューデントの t 検定（平均値の検定） ・ウェルチの t 検定（平均値の検定）	・マン・ホイットニーの U 検定 　（ウィルコクソンの順位和検定） ・中央値検定
3 標本以上のデータ	・分散分析（3 群以上の平均値の差の検定）	・クラスカル・ウォリス検定
母比率，分割表 （適合度，独立性，比率の差）	・二項検定 ・なし	・二項検定 ・カイ二乗検定（独立性の検定） ・フィッシャーの正確確率検定

表❶.3.2 それぞれの手法の特徴

	パラメトリックな統計手法	ノンパラメトリックな統計手法
統計手法	母数に依存した手法	母数に依存しない手法（順位を指標）
分布の前提	あり（正規分布など）	なし
要約値	平均値，分散	中央値，順位平均，割合
尺度水準	間隔尺度，比例尺度	名義尺度，順序尺度，間隔尺度，比例尺度
頑健性	弱い（分布状態に影響を受けやすい）	強い（分布状態に影響を受けにくい）
結果の精度	高い	低い
結果の普遍化	容易，結果の外挿が可能	困難，結果の外挿が不可能
標本サイズ	小さすぎてはいけない	小さすぎると有意差が出ない
分割表	なし	カイ二乗検定（独立性の検定） フィッシャーの正確確率検定

補遺① 統計学を理解するための確率論

1.4 ベイズ統計

ベイズ統計は，遺伝統計学や，進化系統樹作成で頻出します．条件付き確率に関する定理であるベイズの定理にもとづいて，ある事象の起こる確率を予測する統計手法です．事前確率から事後確率を予測します．

ベイズの定理

A と B という2つの事象が存在する場合の確率および条件付き確率について以下のような式にもとづいて求めます．

$$P(B|A) = \frac{P(A|B)P(B)}{P(A)}$$

事象 B の発生する確率について，

① $P(B)$ は，事象 A が起きる前の，事象 B の起こる確率で事前確率といいます．

② $P(B|A)$ は，事象 A が起きた後での，事象 B の起こる確率で事後確率または，条件付き確率といいます．

このように，事象 A に関するある結果（データ）が得られた場合に，尤度 $P(A|B)$ の値により事後確率 $P(B|A)$ が求められるというのがベイズの定理です（図❶.4.1）．

図 ❶.4.1 ベイズ法と推測統計学の関係
ベイズ法と従来の頻度論的な統計学は上記のように対応します．すなわちベイズ法で推定するのが事後確率，頻度論的な統計学で推定するのが母数（パラメータ）ということになります．母数としては平均や分散があります．

マルコフ連鎖モンテカルロ法とベイズ統計

　事後確率の推定は容易ではないため，近年はモンテカルロ法（**6.1** 参照）を用いて不偏分布にしたがう乱数を発生させることにより，事後確率や事後分布をシミュレーションし各種の値を推定するという方法がとられるようになっています．このシミュレーションには，モンテカルロ法のなかでも事前の情報にもとづいて発生する乱数の挙動が決まるマルコフ連鎖モンテカルロ法（MCMC）がよく用いられます（**6.3** 参照）．いわゆる計算機を用いたシミュレーションとサンプリングによる各種確率の推定が行われます．MCMC によるサンプリング法としては，ギブス法，メトロポリス法，メトロポリス・ヘイスティング法などの方法が利用されています．

ベイズ推定の生物分野への応用

　進化系統樹の推定にベイズ法が活用されています．進化系統樹の枝の分岐パターンは大量にあるので，事後確率を MCMC 法にもとづいてシミュレーションし，それが最大になるような系統樹を求めることで最適な進化系統樹を推定するという方法がとられます．現在，実際の解析に用いられる代表的なソフトウェアには MrBayes（http://mrbayes.sourceforge.net/）があります（**図❶.4.2**）．

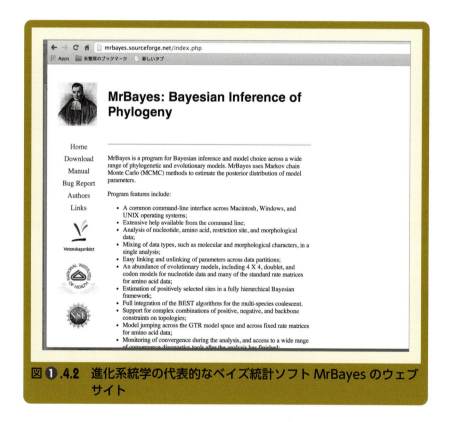

図❶.4.2　進化系統学の代表的なベイズ統計ソフト MrBayes のウェブサイト

補遺 1　統計学を理解するための確率論

1.5 最尤推定法

最尤推定法もベイズ法同様，遺伝統計学や，進化系統樹作成で頻出します．確率変数のデータ（確率分布を含む）が得られていて，その確率変数を求める母数 θ が不明である場合を考えます．各確率変数のデータをもとに，母数 θ の得られやすさを推定する尤度関数 $L(\theta)$ を求めます．この尤度関数が最大になるときの θ の値 $\hat{\theta}$ を，母数 θ の値（最尤推定量）と推定するのが最尤推定法です．

離散確率分布 D の確率分布関数 f_D は，n 個の確率変数 $x_1, x_2, \cdots x_n$ と確率分布の母数 θ から求められ，その観測確率は以下のように表せます．

$$P(x_1, x_2, \cdots, x_n) = f_D(x_1, \cdots, x_n | \theta)$$

ここで，n 個の確率変数 $x_1, x_2, \cdots, x_n$ を求めて，母数 θ のなかからその尤度を最大にする θ のもっともらしい値を推定する方法が最尤推定法で，求められた推定値 $\hat{\theta}$ を最尤推定量といいます（図❶.5.1）．

情報量基準

最尤推定法にもとづいて統計モデルのあてはまりを評価する規準となる量です．つまり，作成した統計モデルの最尤推定量（母数 θ の推定量）を求め，その量にもとづいて作成したモデルを評価する

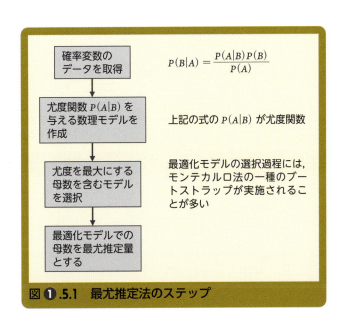

図 ❶.5.1　最尤推定法のステップ

ための規準となる量を，一般的に情報量規準 (Information Criterion) とよびます．ここで，統計モデルをあてはめるということは，実測値に最も近い予測値を出すモデルに最適化することです．情報量規準には，AIC（赤池情報量基準），BIC（ベイズアプローチによる情報量規準 BIC）などがあります．AIC は，以下のように表現されます．

$$\mathrm{AIC} = -2L + 2K$$

L は対数尤度で，K は構築したモデルに含まれるパラメータの数です．この値が小さいほど，あてはまりがよいと判断されます．

最尤推定法の生物分野への応用

ベイズ法と同様，最尤推定法も進化系統樹の推定に活用されています．塩基（またはアミノ酸）配列データの置換に関する確率モデルにより想定される樹形ごとに，観測された配列データの多重アラインメントが得られる尤度を求め，最も尤度の高い樹形を推定する方法です．この場合，大量の分子進化モデルが発生するため，モンテカルロ法の一種であるブートストラップ法（**6.2** 参照）による解析が行われます．現在，実際の解析に用いられる代表的なソフトウェアには RAxML があります（図 **❶.5.2**）．RAxML は The Exelixis Lab のウェブサイト（http://sco.h-its.org/exelixis/web/software/raxml/index.html）よりダウンロードできます．

図 **❶.5.2** 進化系統学の代表的な最尤推定法ソフト RAxML がダウンロードできるサイト

補遺 ① 統計学を理解するための確率論

1.6 確率過程

　ブラウン運動などのランダムな運動を記述するモデルで，生体の運動を記述するモデルとしてしばしば用いられます．確率過程の一種としてマルコフ連鎖はベイズ推定（ベイズ統計）と組合わせて頻用されます．なお，確率過程は本文では紹介していない解析手法です．近年，非常に注目されていますので，ここで紹介します．

　<u>確率過程</u>は，不規則過程を含む，時間とともに変化する確率変数のことです．株価や為替の変動，ブラウン運動などの粒子のランダムな運動を数学的に記述するモデルとして利用されます．ある系の特性の将来予測を行ったり，あるパラメータを動かして特性の感度を分析したり，最適化問題を解くことが主な目的です．確率過程の例として，株価や為替の変動（**図❶.6.1** 参照），インターネットのトラフィック数，動画データのヒット数，単位時間あたりの電話の着信数など，時間変動の変数としてとらえられるものがあります．

　確率過程では，その事象の起きる時刻や頻度に着目して，それらを説明する確率過程モデルを考えます．用いられる確率過程モデルには以下のようなものがあります．

　　計数過程：ある事象の発生回数を時間的に記録したものです．
　　二項過程：ベルヌーイ試行を時間的に記録したものです．

図 ❶.6.1　確率過程の解析対象となる株価変動グラフ
確率過程モデルにあてはめ，その変動を予測します．

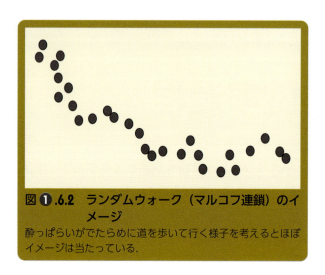

図❶.6.2 ランダムウォーク(マルコフ連鎖)のイメージ
酔っぱらいがでたらめに道を歩いて行く様子を考えるとほぼイメージは当たっている.

- **ポワソン過程**:二項過程の連続時間版です.
- **マルコフ過程**:未来の挙動が現在の値だけで決定され,過去の挙動と無関係であるという性質をもつ確率過程です.
- **マルコフ連鎖**:マルコフ過程のうち,とりうる状態が離散的(有限または可算)なものです.
- **ランダムウォーク**:マルコフ連鎖の一種で,時間とともに空間的な位置が変化します(**図❶.6.2参照**).

確率過程を用いてよく解析されている事象には以下のようなものがあります.
- **出生死亡過程**:出生や死亡が時間的にどのような変化をするかを調べます.連続時間マルコフ連鎖の一種です.
- **ブラウン運動**:連続時間,連続状態空間のマルコフ過程です.

生物学への応用

確率論的に時間変動するような現象は生物には非常に多いです.例えば,日々の喫煙回数,血糖値や血圧の変動などです.また,生物進化に伴う遺伝子変異頻度の変動の解析なども行われています.今後の臨床における予後予測や農業における農作物の生育予測などの応用に期待できます.

補遺2 統計学を理解するための微分積分

2.1 関数の極限

　関数は，プログラミングの基本概念として，生物学を理解する数式モデルとして，必須の概念です．これらの用語はしっかりと把握しておく必要があります．特に関数の極限の概念は，大数の法則や，中心極限定理（**2.27**，**2.28** 参照）など，統計ではよく登場しますのでここで整理します．

関数

　変数 x の値が決まると，変数 y の値が決まるような規則が存在する場合に，f は x の関数であるといい，以下のように，表記します．

$$y = f(x)$$

このとき，x を<u>独立変数</u>，y を<u>従属変数</u>とよびます．このときの x の値の集合（x の値のとる範囲）をこの関数の定義域，y の値の集合（y の値のとる範囲）を値域といいます．
例えば，以下のように記述されます．

$y = x$ の場合，定義域は $(-\infty, \infty)$，値域は $(-\infty, \infty)$

$y = x^2$ の場合，定義域は $(-\infty, \infty)$，値域は $[0, \infty)$

ここで，（　，　）は，開区間を示す記号で，(a, b) と表記した場合，$a < x < b$ であるような実数 x の全体の集合を表します．また，［　，　］は閉区間を示す記号で，$[a, b]$ と表記した場合，$a \leqq x \leqq b$ であるような実数 x の全体の集合を表します．上式の例のように，片側だけに()や[]を使用することも可能です．

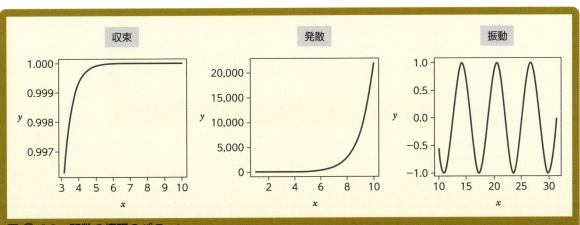

図 2.1.1　関数の極限のパターン
関数 $f(x)$ において x の値を無限に拡大させた場合の関数の収束，発散，振動の3つのパターンの代表例を示します．

極限

関数 $f(x)$ において，x が a に限りなく近づくとき（$x \to a$ と表す），$f(x)$ の値がある定数 α に限りなく近づく場合を考えます．

$$\lim_{x \to a} f(x) = \alpha$$

このときの α を $x \to a$ のときの $f(x)$ の<u>極限値</u>といいます．またこのとき，関数 $f(x)$ は α に<u>収束</u>する（有限の極限をもつ，または極限が有限確定である）といいます（**図❷.1.1**）．収束しない場合は，<u>発散</u>するといいます．発散するものには，正の無限大に発散するものと負の無限大に発散するものがあり，極限が確定しないものは<u>振動</u>するといいます．代表的な極限の例を**図❷.1.2**に示します．

一般に，a が有限値の場合，a へは2つの方向から近づくことが可能です．すなわち，a より大きい値から a に近づく場合と，a より小さい値から a に近づく場合です．a より大きい値から a に近づく場合，$x \to a + 0$ と表記し（a が 0 のときは a を省略），右側極限とよびます．a より小さい値から a に近づく場合，$x \to a - 0$ と表記し，左側極限値とよびます．併せて，片側極限値とよびます．2つの値が存在し，その値が等しいとき，$x \to a$ と表記し，それが関数の極限値になります．

$$\lim_{n \to \infty} x^n = \begin{cases} +\infty & (1 < x) \\ 1 & (x = 1) \\ 0 & (-1 < x < 1) \\ 振動する & (x \leq -1) \end{cases}$$

$$\lim_{x \to 0} \frac{\sin x}{x} = 1$$

$$\lim_{x \to 0} \frac{e^x - 1}{x} = 1$$

$$\lim_{x \to 0} \frac{\log(1 + x)}{x} = 1$$

$$\lim_{x \to \infty} \frac{x}{e^x} = 0$$

$$\lim_{x \to +\infty} \frac{\log x}{x} = 0$$

$$\lim_{x \to a} \frac{f(x) - f(a)}{x - a} = f'(a)$$

$$\lim_{x \to a} cf(x) = c \lim_{x \to a} f(x) \quad (C: 定数)$$

和　$\lim_{x \to a} \{f(x) + g(x)\} = \lim_{x \to a} f(x) + \lim_{x \to a} g(x)$

積　$\lim_{x \to a} \{f(x) g(x)\} = \lim_{x \to a} f(x) \cdot \lim_{x \to a} g(x)$

商　$\lim_{x \to a} \dfrac{f(x)}{g(x)} = \dfrac{\lim_{x \to a} f(x)}{\lim_{x \to a} g(x)} \quad (\lim_{x \to a} g(x) \neq 0)$

図❷.1.2　主な極限の例

補遺 ❷ 統計学を理解するための微分積分

❷.2 微分

　微分は，統計のいろいろな場面で演算として登場します．例えば統計計算において確率分布から最大値，最小値を求める際には微分が必要です．生物や化学物質を含む物体の量的変動があるときその変動をとらえるには微分は欠かせません．

　<u>微分</u>とは，数学的な定義はともかくもごく一般的に，しかも大雑把にいってしまえば，実用的には変化の割合を求めることといえます．

　ある区間で定義された関数 $f(x)$ において，以下のような値が存在する場合に，$x = a$ で微分可能です．

$$\lim_{h \to 0} \frac{f(a+h) - f(a)}{h}$$

この値を $f(x)$ の $x = a$ における<u>微分係数</u>といい，以下のように表記します．

$$f'(a) = \lim_{h \to 0} \frac{f(a+h) - f(a)}{h}$$

微分係数 $f'(a)$ は，図❷.2.1 に示すような，$x = a$ における接線 $f(a)$ の傾きを表しています．また，$x = a$ において微分係数が存在するとき，曲線 $y = f(x)$ が，$x = a$ で滑らかに変化していることを意味しています．

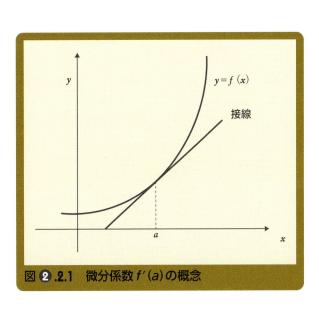

図❷.2.1 　微分係数 $f'(a)$ の概念

$f(x)$	$f'(x)$	備考
x^a	ax^{a-1}	a は実数
$\sin(x)$	$\cos(x)$	
$\cos(x)$	$-\sin(x)$	
$\tan(x)$	$\sec^2(x)$	$\sec(x) = 1/\cos(x)$
$\exp(x)$	$\exp(x)$	
$\log(x)$	$1/x$	自然対数
$\arcsin(x)$	$1/(\sqrt{1-x^2})$	$y = \arcsin(x)$ は $x = \sin(y)$
$\arccos(x)$	$-1/(\sqrt{1-x^2})$	
$\arctan(x)$	$1/(1+x^2)$	
$c \cdot f(x)$	$c \cdot f'(x)$	c は定数
$f(x) + g(x)$	$f'(x) + g'(x)$	和の微分
$f(x) \cdot g(x)$	$f'(x) \cdot g(x) + f(x)g'(x)$	合成関数の微分
$f(x)/g(x)$	$(f'(x) \cdot g(x) - f(x) \cdot g'(x))/\{g(x)\}^2$	商の微分
$f(g(x))$	$(df(u)/du) \cdot (dg(x)/dx)$	ただし $u = g(x)$
$f^{-1}(x)$	$1/(df(y)/dy)$	ただし $x = f(y)$
$\log(f(x))$	$f'(x)/f(x)$	

図❷.2.2　主な微分の公式

関数 $f(x)$ がある区間で微分可能であるとき，変数 x を考え，以下のような式を定義します．

$$\lim_{dx \to 0} \frac{dy}{dx} = \lim_{dx \to 0} \frac{f(x + dx) - f(x)}{dx} = f'(x)$$

この $f'(x)$ を，$f(x)$ の<u>導関数</u>といい，導関数 $f'(x)$ を求めることを $f(x)$ を x で微分するといいます．$f(x)$ の導関数を表すのに，$f'(x)$，y'，dy/dx などと書きます．微分に関する主な公式を図❷.2.2 にあげます．

応用的側面

応用的な側面で微分をとらえると，微分は変化の割合を求めるアルゴリズムと考えることができます．つまり，位置を表示する関数を微分すれば，位置の変化の割合すなわち速度に関する関数が，速度を表示する関数を微分すれば，速度の変化の割合すなわち加速度に関する関数が求められます．

また，確率密度関数を積分処理して得られたものが累積分布関数ですので，ある確率分布の累積分布関数がわかっているときに，これを微分して確率密度関数を求めることがあります（指数分布など）．

補遺2 統計学を理解するための微分積分

2.3 積分

統計学においては，確率密度分布から確率を求める場合に積分を使用します．したがって，確率を理解するために積分の概念は必須です．

積分とは，数学的な定義はともかくもごく一般的に，しかも大雑把にいってしまえば，実用的にはある区間の面積を求める方法といえます．

不定積分

関数 $f(x)$ について，$F'(x) = f(x)$ となる関数 $F(x)$ を $f(x)$ の原始関数または不定積分といいます．$f(x)$ の不定積分は以下の式で表現されます．

$$F(x) = \int f(x)\,dx$$

この式を解くことを $f(x)$ を積分するといいます．通常，不定積分は，以下のような任意の定数 C を含んだ式で表現されます．

$$\int f(x)\,dx = F(x) + C$$

この，定数 C を積分定数といいます．

定積分

$f(x)$ が区間 [a, b] で連続であるとき，その区間の定積分は以下の式で表されます．

$$\int_a^b f(x)\,dx$$

これは以下のようにして計算されます．

$$\int_a^b f(x)\,dx = F(b) - F(a)$$

この式で得られた値は，図❷.3.1 のように，区間 [a, b] の面積 S に相当します．図❷.3.2 に積分に関する公式をまとめておきます．

確率分布の確率密度関数に積分処理をすることで累積分布関数を求めることができ，その結果から確率が得られます．しかし，その積分の演算は高校レベルの数学では困難なことも多く，本書では省略します．

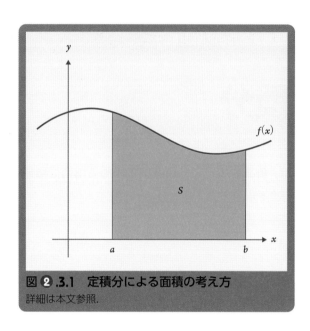

図 ❷.3.1　定積分による面積の考え方
詳細は本文参照．

指数関数の不定積分

$$\int x^\alpha dx = \frac{1}{\alpha+1} x^{\alpha+1} + C$$

分数関数の不定積分

$$\int \frac{1}{x} dx = \log|x| + C$$

三角関数

$$\int \sin x\, dx = -\cos x + C$$

$$\int \cos x\, dx = \sin x + C$$

$$\int \tan x\, dx = -\log|\cos x| + C$$

指数関数，対数関数

$$\int e^x dx = e^x + C$$

$$\int a^x dx = \frac{a^x}{\log a} + C$$

$$\int \log x\, dx = x(\log x - 1) + C$$

定数や和の積分の取り扱い

$$\int \{af(x) + bg(x)\} dx = a\int f(x)\, dx + b\int g(x)\, dx$$

置換積分

$$\int f(x)\, dx = \int f(x) \frac{dx}{dt} dt = \int f(g(t)) g'(t)\, dt \quad \cdots\cdots\text{定積分の場合}$$

$$\int_a^b f(x)\, dx = \int_\alpha^\beta f(x) \frac{dx}{dt} dt = \int_\alpha^\beta f(g(t)) g'(t)\, dt \quad \cdots\cdots\text{不定積分の場合}$$
$$(\text{ただし，}g(\alpha)=a,\ g(\beta)=b)$$

部分積分

$$\int f(x) g'(x)\, dx = f(x)g(x) - \int f'(x) g(x)\, dx \quad \cdots\cdots\text{定積分の場合}$$

$$\int_a^b f(x) g'(x)\, dx = \left[f(x)g(x) \right]_a^b \int_a^b f'(x) g(x)\, dx \quad \cdots\cdots\text{不定積分の場合}$$

図 ❷.3.2　主な積分の公式

補遺❷ 統計学を理解するための微分積分

❷.4 偏微分
～多変数関数の微分

第3章で解説した回帰分析における最小二乗法において，偏微分が登場します．回帰分析は数理モデル化の最も簡単な例ですので，その理解のために偏微分についてここで整理します．

多変数の関数があるとき，1つの変数のみに着目し，その他の変数をいったん定数とみなして固定して，1つの変数のみを微分して，その変数成分の方向への瞬間の増分を考える微分法です．<u>偏微分</u>によって得られた微分係数や導関数のことを，<u>偏微分係数</u>，<u>偏導関数</u>といいます．

話を単純にするために，2変数の場合のみ紹介します．相互に関数的な関係をもたず独立に変化することができる2つの変数 x と y からなる $z = f(x, y)$ を考えます．ここで，y を任意の値 b で固定して，これを $z = f(x;b) = f_1(x)$ という変数 x の関数とみなし，$f_1(x)$ の $x = a$ における微分係数を求めると以下のようになります．

$$\frac{df_1}{dx}(a) = \lim_{dx \to 0} \frac{f_1(a + dx) - f_1(a)}{dx}$$
$$= \lim_{dx \to 0} \frac{f(a + dx, b) - f(a, b)}{dx}$$

これを $f(x, y)$ の，点 (a, b) における x に関する偏微分係数とよびます．偏微分係数 $f_x(a, b)$ は，$z = f(x, y)$ を曲面と考えたときに，その曲面上の点 (a, b) での，z 曲面の x 軸方向への傾きを表しています（図❷.4.1）．z 曲面上の各点 (x, y) で x に関する偏微分係数が存在する場合の $z = f(x, y)$ の x に関する偏導関数は，以下のように表されます．

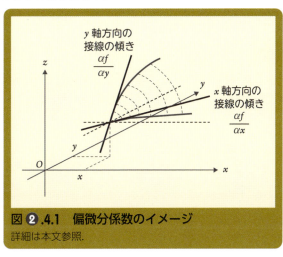

図❷.4.1 偏微分係数のイメージ
詳細は本文参照．

$$\frac{\partial}{\partial x}cf(x,y) = c\frac{\partial}{\partial x}f(x,y) \quad\cdots\cdots\cdots\cdots\cdots\cdots\cdots\cdots\cdots\cdots\cdots\cdots c \text{ は定数}$$

$$\frac{\partial}{\partial x}\{f(x,y) \pm g(x,y)\} = \frac{\partial}{\partial x}f(x,y) \pm \frac{\partial}{\partial x}g(x,y) \quad\cdots\cdots\cdots\cdots\cdots \text{和差の偏微分}$$

$$\frac{\partial}{\partial x}\{f(x,y) \cdot g(x,y)\} = \left(\frac{\partial}{\partial x}f(x,y)\right) \cdot g(x,y) + f(x,y)\left(\frac{\partial}{\partial x}g(x,y)\right) \quad\cdots\cdots \text{合成関数の偏微分}$$

$$\frac{\partial}{\partial x}\left\{\frac{f(x,y)}{g(x,y)}\right\} = \frac{\left(\frac{\partial}{\partial x}f(x,y)\right) \cdot g(x,y) - f(x,y)\left(\frac{\partial}{\partial x}g(x,y)\right)}{\{g(x,y)\}^2} \quad\cdots\cdots\cdots \text{商の偏微分}$$

$$\frac{\partial}{\partial x}f(g(x,y)) = f'(g(x,y))\frac{\partial}{\partial x}g(x,y)$$

図❷.4.2　主な偏微分の公式

$$\partial_x f(x,y) = f_x(x,y) = \frac{\partial z}{\partial x} = \lim_{dx \to 0}\frac{f(x+dx,y) - f(x,y)}{dx}$$

　また，ある領域の各点(x,y)で偏導関数が定義できるとき，$z = f(x,y)$はこの領域においてxに関して偏微分可能であるといわれます．

　同様に，xを任意の値aで固定してできる関数$f(a;y) = f_2(y)$に関し，ある領域に属する$y = f(a;y)$について微分可能な場合，yについての偏微分は，以下のように表されます．

$$f_y(x,y) = \frac{\partial z}{\partial y} = \lim_{dy \to 0}\frac{f(x,y+dy) - f(x,y)}{dy}$$

このときzはある領域においてyについて偏微分可能であるといいます．ある領域において実数値関数$z = f(x,y)$がx,yに関して偏微分可能であれば，zのx, yについての偏微分を合成して，以下のようなzの全微分dzというものを定義することもできます．

$$dz = \frac{\partial z}{\partial x}dx + \frac{\partial z}{\partial y}dy$$

　偏微分に関する主な公式を**図❷.4.2**にまとめておきます．

偏微分の応用例

　偏微分は，一番身近には回帰分析における回帰式を得るための数学的手段である最小二乗法で用いられます．

補遺2 統計学を理解するための微分積分

2.5 微分方程式

生物学では，個体の成長モデル，人口の増加モデルとして微分方程式が登場します．これからロジスティック方程式が導かれ，その解がロジスティック関数となります．

微分方程式とは，未知関数とその導関数の関係式として記述された関数方程式です．まず，微分方程式は方程式に含まれる導関数の階数で分類されます．最も高い階数が n 次である場合，n 階微分方程式とよばれます．未知関数は1つとは限りません．また，連立する複数の微分方程式を同時に満たす関数を解とするような連立方程式の形も存在し，連立 n 階微分方程式などとよばれます．

常微分方程式と偏微分方程式

一変数関数の導関数の関係式で書かれた微分方程式を常微分方程式，多変数関数の偏導関数を含む関係式で書かれた微分方程式を偏微分方程式とよびます．イメージしやすくするために，常微分方程式の簡単な形式を示すと例えば以下のようなものがあり，

$$\frac{d}{dx}f(x) - f(x) = 0$$

偏微分方程式では，以下のようなものがあります．

$$\left(x\frac{\partial}{\partial y} - y\frac{\partial}{\partial x}\right)f(x, y) = 0$$

本書の範囲で出てくる常微分方程式

個体群生態学において，個体群成長のモデルとして考案された微分方程式としてロジスティック式があります．ある生物集団において，親がつくる子孫の数はほぼ一定なので，増加率を r とすれば，個体数 N の個体群における時間に対する増加率は以下のように表せます．

$$\frac{dN}{dt} = rN$$

これを変形してロジスティック式が導かれます．ロジスティック式については本文のロジスティック分布の項（**2.26**）をご覧ください．

補遺 2　統計学を理解するための微分積分

2.6 積率（モーメント）

積率（モーメント）は生物学には登場しませんが，統計学においては，平均，分散，歪度，尖度の関係を理解するのに重要な考え方です．ぜひ整理しておくことをおすすめします．

　本文中で紹介できなかった統計学での確率分布の特徴を示す数値で，確率変数の期待値のべき乗で表現される特性値です．モーメントともいいます．

　実変数 x に関する関数 $f(x)$ の n 次モーメント $\mu_n^{(0)}$ は以下で表現されます．

$$\mu_n^{(0)} = \int_{-\infty}^{\infty} x^n f(x) \, dx$$

関数 $f(x)$ の c 周りの n 次モーメント $\mu_n^{(c)}$ は以下で表現されます．

$$\mu_n^{(c)} = \int_{-\infty}^{\infty} (x-c)^n f(x) \, dx$$

非常にわかりにくい表現なので，誤解をおそれずに，感覚的に表現すると，確率変数の中心的な特性値である「期待値（統計量）をべき乗し」，「積分と割り算を含む処理を施した（積率なので）」値です．これにより，分布の中心的な値の周辺の特徴がわかります．なお，本項の解説のための数式では，積分の代わりに総和で示しています．

● 一次モーメント

　これは平均（μ）です．これは観測された統計データを総和してデータの個数で割ったものです．以下のような式で表記されます．

$$\mu = \frac{1}{n} \sum_{i=1}^{n} x_i = \frac{x_1 + x_2 + \cdots + x_n}{n}$$

● 二次モーメント

　これは分散（s^2）です．これは個々のデータの平均からの差を二乗し，それを総和してデータの個数で割ったものです．ばらつきの程度がわかります．分散のルートが標準偏差です．以下のような式で表記されます．

$$s^2 = \frac{1}{n} \sum_{i=1}^{n} (\bar{x} - x_i)^2$$

n はデータの個数，$\bar{x}$ はデータ全体の平均，s はデータ全体の標準偏差です．

● 三次モーメント

　これは歪度（Sk）です．これは偏差を三乗したものです．統計分布の左右対称性が左右のどちらの方向にどれだけ歪んでいるかわかります（図2.6.1 上段）．

$$Sk = \frac{1}{n} \sum_{i=1}^{n} (x_i - \bar{x})^3 \Big/ s^3$$

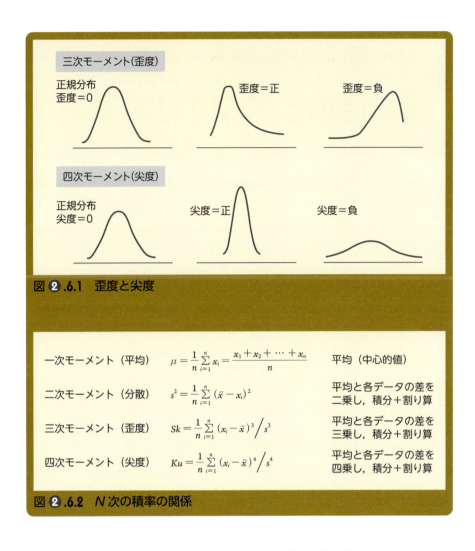

図 ❷.6.1 歪度と尖度

図 ❷.6.2 N 次の積率の関係

n はデータの個数, $\bar{x}$ はデータ全体の平均, s はデータ全体の標準偏差です.

● 四次モーメント

　これは尖度(せんど)(Ku) です. これは偏差を四乗したものです. 平均の回りのデータの集中度(とがり具合)がわかります(図❷.6.1 下段). 以下のような式で表記されます.

$$Ku = \frac{1}{n}\sum_{i=1}^{n}(x_i - \bar{x})^4 \Big/ s^4$$

n はデータの個数, $\bar{x}$ はデータ全体の平均, s はデータ全体の標準偏差です.

　積率は, 平均, 分散 (標準偏差), 歪度, 尖度を, 表現する積分 (つまり, 積) と割り算 (つまり, 率) を用いた数学の遊びのような特性値ですが, その対比がわかると興味深いものです (図❷.6.2).

補遺 3　統計学を理解するための線形代数

3 行列とベクトル

線形代数とは，行列やベクトルを扱う数学の一分野です．第 4 章で解説している多変量解析には，線形代数の用語がたくさん出てきますので，ここで整理します．

行列

● 行列

数字を以下のように長方形に並べたものを行列といいます．

$$\begin{pmatrix} 2 & 3 & 5 \\ 1 & -1 & 2 \\ 5 & 4 & -2 \end{pmatrix}$$

行列の横向きの並びを行，縦向きの並びを列といいます．

$$\text{行} \begin{pmatrix} 2 & 3 & 5 \\ 1 & -1 & 2 \\ 5 & 4 & -2 \end{pmatrix} \quad \overset{\text{列}}{\begin{pmatrix} 2 & 3 & 5 \\ 1 & -1 & 2 \\ 5 & 4 & -2 \end{pmatrix}}$$

● 足し算，引き算

行列の足し算，引き算は以下のようにします．

$$\begin{pmatrix} A & B \\ C & D \end{pmatrix} \pm \begin{pmatrix} a & b \\ c & d \end{pmatrix} = \begin{pmatrix} A \pm a & B \pm b \\ C \pm c & D \pm d \end{pmatrix}$$

$$\begin{pmatrix} 2 & 3 \\ 1 & 2 \end{pmatrix} + \begin{pmatrix} 1 & 0 \\ 3 & 1 \end{pmatrix} = \begin{pmatrix} 3 & 3 \\ 4 & 3 \end{pmatrix}$$

$$\begin{pmatrix} 2 & 3 \\ 1 & 2 \end{pmatrix} - \begin{pmatrix} 1 & 0 \\ 3 & 1 \end{pmatrix} = \begin{pmatrix} 1 & 3 \\ -2 & 1 \end{pmatrix}$$

● 掛け算

行列の掛け算は以下のようにします．割り算はありません．

$$\begin{pmatrix} A & B \\ C & D \end{pmatrix} \begin{pmatrix} a & b \\ c & d \end{pmatrix} = \begin{pmatrix} Aa + Bc & Ab + Bd \\ Ca + Dc & Cb + Dd \end{pmatrix}$$

$$\begin{pmatrix} 2 & 3 \\ 1 & 2 \end{pmatrix} \begin{pmatrix} 1 & 0 \\ 3 & 1 \end{pmatrix} = \begin{pmatrix} 2+9 & 0+3 \\ 1+6 & 0+2 \end{pmatrix}$$

$$= \begin{pmatrix} 11 & 3 \\ 7 & 2 \end{pmatrix}$$

$$A\begin{pmatrix} a & b \\ c & d \end{pmatrix} = \begin{pmatrix} Aa & Ab \\ Ac & Ad \end{pmatrix}$$

● 正方行列

以下のように，行列の行の数と列の数が等しい行列を正方行列といいます．正方行列には，対角行列や単位行列なども含まれます．また，逆行列と行列式を定義できるという性質があります．

$$\begin{pmatrix} 8 & 1 & 6 \\ 3 & 5 & 7 \\ 4 & 9 & 2 \end{pmatrix}$$

● 対角行列

正方行列のうち行列の対角成分以外がすべてゼロである行列を対角行列といいます．

$$\begin{pmatrix} 1 & 0 & 0 \\ 0 & 2 & 0 \\ 0 & 0 & 3 \end{pmatrix}$$

● 単位行列

対角行列のうち行列の対角成分がすべて 1 である行列を単位行列といい，I と書かれることがあります．

$$I = \begin{pmatrix} 1 & 0 & 0 \\ 0 & 1 & 0 \\ 0 & 0 & 1 \end{pmatrix}$$

● 逆行列

以下のように掛け算をして単位行列になる行列をもとの行列の逆行列といいます．

$$\begin{pmatrix} 2 & 3 \\ 1 & 2 \end{pmatrix}\begin{pmatrix} 2 & -3 \\ -1 & 2 \end{pmatrix} = \begin{pmatrix} 1 & 0 \\ 0 & 1 \end{pmatrix}$$

$$\begin{pmatrix} 2 & -3 \\ -1 & 2 \end{pmatrix}\begin{pmatrix} 2 & 3 \\ 1 & 2 \end{pmatrix} = \begin{pmatrix} 1 & 0 \\ 0 & 1 \end{pmatrix}$$

逆行列は以下のように右肩に -1 をつけて書きます．

$$\begin{pmatrix} 2 & 3 \\ 1 & 2 \end{pmatrix}^{-1} = \begin{pmatrix} 2 & -3 \\ -1 & 2 \end{pmatrix}$$

逆行列を求める公式は以下のようになります．

$$A = \begin{pmatrix} a & b \\ c & d \end{pmatrix} \text{の場合，} A^{-1} = \frac{1}{ad - bc}\begin{pmatrix} d & -b \\ -c & a \end{pmatrix}$$

逆行列が存在する行列は正則であるといい，そのような行列を<u>正則行列</u>といいます．

● 行列式

以下のような正方行列 A がある場合，

$$A = \begin{pmatrix} a & b \\ c & d \end{pmatrix}$$

行列式は以下のように定義されます．

$$|A| = \begin{vmatrix} a & b \\ c & d \end{vmatrix} = ad - bc$$

行列式は以下のようにも表現されます．

$$\det A = \det \begin{pmatrix} a & b \\ c & d \end{pmatrix} = ad - bc$$

det とは行列式を表す単語 determinant の略です．また，逆行列を求める式からわかるように，行列式が 0 とならない行列に対してのみ逆行列が存在します．

● 転置行列

以下のように行列の行と列を入れ替えた行列を転置行列といいます．転置行列は以下のように右肩に T をつけて書きます．

$$A = \begin{pmatrix} 1 & 2 & 3 \\ 4 & 5 & 6 \end{pmatrix} \longrightarrow A^{\mathrm{T}} = \begin{pmatrix} 1 & 4 \\ 2 & 5 \\ 3 & 6 \end{pmatrix}$$

ベクトル

● 行ベクトル，列ベクトル

以下のように行列の行のみから構成されるものを行ベクトル，列のみから構成されるものを列ベクトルといいます．

$$\text{行ベクトル：} a = (a_1 \ a_2 \ \cdots \ a_n)$$

$$\text{列ベクトル：} a = \begin{pmatrix} a_1 \\ a_2 \\ \vdots \\ a_n \end{pmatrix}$$

行ベクトルを転置すると列ベクトルに，列ベクトルを転置すると行ベクトルになります．

$$(a_1 \ a_2 \ \cdots \ a_n)^{\mathrm{T}} = \begin{pmatrix} a_1 \\ a_2 \\ \vdots \\ a_n \end{pmatrix}$$

$$\begin{pmatrix} a_1 \\ a_2 \\ \vdots \\ a_n \end{pmatrix}^{\mathrm{T}} = (a_1 \ a_2 \ \cdots \ a_n)$$

● 固有値，固有ベクトル

A を n 次元の正方行列とし，x を n 次元の列ベクトルとし，λ をスカラーの数値としたとき，$Ax = \lambda x$ を満たす式が存在する場合に，λ を行列 A の固有値，x を行列 A の固有ベクトルとよびます．例えば，以下のような式が成り立つ場合に，

$$\begin{bmatrix} 3 & 6 & 7 \\ 3 & 3 & 7 \\ 5 & 6 & 5 \end{bmatrix} \begin{bmatrix} 1 \\ -2 \\ 1 \end{bmatrix} = -2 \begin{bmatrix} 1 \\ -2 \\ 1 \end{bmatrix}$$

三次元の正方行列 A

$$A = \begin{bmatrix} 3 & 6 & 7 \\ 3 & 3 & 7 \\ 5 & 6 & 5 \end{bmatrix}$$

の固有値 λ は -2 であり,行列 A の固有ベクトル(三次元の列ベクトル)は

$$\begin{bmatrix} 1 \\ -2 \\ 1 \end{bmatrix}$$

です.A が n 次正方行列のとき,固有値は(重解・虚数解も含めると)全部で n 個存在します.

Rの実施例

以下の行列の固有値および固有ベクトルを計算するとします.

$$\begin{pmatrix} 1 & 2 & 3 \\ 2 & 4 & 6 \\ 3 & 6 & 9 \end{pmatrix}$$

① A に行列の数値を入力します.

```
> (A <- matrix(1:9, nrow=3, ncol=3) )
     [,1] [,2] [,3]
[1,]   1    4    7
[2,]   2    5    8
[3,]   3    6    9
```

② A の固有値を求めるには以下のように入力します.この場合,3つの固有値 16.1, -1.1, 0 が求められました.

```
> eigen(A)$values
[1]  1.611684e+01 -1.116844e+00 -5.700691e-16
```

③ A の固有ベクトルを求めるには以下のように入力します.この場合,3つの固有値 16.1, -1.1, 0 に対応する3つの固有ベクトル $(-0.46, -0.88, 0.41)$,$(-0.57, -0.24, -0.82)$,$(-0.68, -0.40, 0.41)$ が求められました.

```
> eigen(A)$vectors
            [,1]       [,2]       [,3]
[1,] -0.4645473 -0.8829060  0.4082483
[2,] -0.5707955 -0.2395204 -0.8164966
[3,] -0.6770438  0.4038651  0.4082483
```

補遺 4　統計学を理解するための IT ツール

4.1 Linux 入門

Linux は，UNIX に似せてつくられた PC-UNIX とよばれた OS の 1 種です．1990 年代前半にフィンランドのヘルシンキ大学の学生であった Linus Torvalds により開発が開始され，現在にいたっています．現在は，サーバやスマートフォン（Google によって提供された Android）などの OS の主流として使われています．コードを使ったデータ処理の柔軟性とパワフルさもあり，次世代シーケンサーのデータ解析をはじめとするデータ分析にも適しています．大規模なデータ処理を行う場合には，Linux の使用をおすすめします．

Linux ディストリビューション

　Linux は，フリーソフトウェアですが，無償でウェブからダウンロードできるものと，有償のものがあります．配布元によって若干の違いがあり，それをディストリビューションといいます．有償で，供給業者のサポートがあるものとしては，レッドハット社の RHEL（RedHat Enterprize Linux）や，SUSE 社の SLES（SUSE Linux Enterprise Server）があります．無償のものには，レッドハット社の RHEL のクローンである CentOS や，デスクトップパソコンに向いた Ubuntu Linux（以後，Ubuntu と表記）などがあります．導入当初ではどれを使用するか迷うと思いますが，個人の入門者向けには Ubuntu がおすすめです．RHEL や SLES，CentOS などは主にサーバ用途に使われます．

Linux をパソコン上にインストールするには

　サーバ用としてではなく，自分のパソコンにインストールして簡単にデモとして試すという程度であれば，VMware Player（ないし，その後継版の VMware Workstation Player）か，Oracle VM Virtualbox をインストールして，そのうえに Ubuntu をインストールするのが一番やさしいです．Ubuntu のインタフェースは好みが分かれますが，その場合は，Linux Mint, Ubuntu MATE, Xubuntu, Lubuntu などを使用します．今のところのオススメは，Linux Mint または Ubuntu MATE です．

補遺4 統計学を理解するためのITツール

4.2 統計解析ソフト

本項は，ざっと統計解析，データ分析用ツールについてまとめます．

Excel（LibreOffice）

Excelは表計算ソフトウェアで統計解析専用のソフトウェアではありません．しかし，「平均を求める」「標準偏差を求める」「文字列中のn番目の文字を取り出す」などの簡単な作業が関数として提供されており，グラフの作成なども直感的に行えるため初心者向けのデータ分析に使用されます．しかし，大規模計算に向きませんし，自動化もしにくいこともあり，日常的なデータ分析には向かないと思われます．付属のマクロ言語（VBA）を用いた自動化も可能ですが，Excelそのものの動作の重さなどを考えると大規模計算については他の専用ソフトを使う方が無難といえます．Excelは，主にWindowsやMacOSで使用され，Linux（補遺4.1参照）ではExcelと互換性のあるソフトウェアとしてLibreOfficeが使われます．

R

Rはコードベースの強力な統計解析専用のソフトウェアであらゆる統計解析が可能です．AT & Tベル研究所のJohn Chambers, Rick Becker, Allan Wilksらによって研究・開発された統計処理言語であるS言語に似せて1984年につくられました．オープンソースで無料であることと，それにもかかわらず統計関数が豊富であること，グラフ作成機能が優れていることなどいろいろな理由からデータ分析で非常に普及しています．欠点としては，インメモリですべての計算を行うために動作が遅く大量計算に向かない（それでも，Excelに比べて非常に高速，大量処理ができます）という点があり，最近は大量計算にはPythonなどの汎用ソフトのモジュール機能を利用したソフトウェアを併用することもしばしばです．Pythonについては簡単に後述します．

●Rのインストール

Windows, MacOS Xの場合は，The Comprehensive R Archive Network（CRAN）（https://cran.r-project.org/）からバイナリをダウンロードしてインストールします．

Linuxの場合は，各ディストリビューションの提供しているパッケージを使います．またUbuntuなどのDebian系のディストリビューションの場合，CRANのリポジトリを/etc/apt/source.listに登録し，apt-get install r-baseコードでインストールします．ディストリビューションごとにインストール方法が微妙に異なり，結構変更が多いので，インストールするたびごとに，R関連の最新情報が載っているThe R Project for Statistical Computing（https://www.r-project.org/）を検索して最新の方法を利用することをおすすめします．

● **RStudio**

　RのIDE（統合開発環境）として最近人気です．非常に使いやすい環境を提供しているので，使ってみることもいいかと思います．RStudio（https://www.rstudio.com/）からダウンロードできます．

Python

　Pythonのデータ解析環境もRと並んで非常に人気があります．汎用のプログラミング環境であり，テキスト処理などの操作が他のソフトとシームレスに使えることと，Rに比べて軽快に動作すること，またAnacondaというデータサイエンス用モジュール（NumPy, SciPy, Matplotlib, IPython, SymPy, Scikit-learnなど）をまとめた総合インストールディストリビューションAnaconda（https://www.continuum.io/downloads）が提供されるようになったことで，Rと比較しても遜色ない使いやすいデータ分析環境になっています．特に，機械学習（ディープラーニング）用のモジュール（Theano, Caffe, Chainer, TensorFlow）も豊富であることから，今後Rと同様に使われるようになってくると思われます．

その他

　オープンソースとしては，JuliaやGNU Octave，市販のソフトとしては，MATLAB, SAS, SPSS, Mathematicaなどがあり，いろいろなアドオンモジュールを提供しているので，必要に応じて使用するとよいと思います．

補遺　参考文献～統計学を理解するための数学, IT ツール関連書

1) 「確率のエッセンス」（岩沢宏和/著），技術評論社，2013
2) 「微分積分がわかる」（中村 厚，戸田晃一/著），技術評論社，2009
3) 「イラスト図解 微分・積分」（深川和久/監），日東書院本社，2009
4) 「超入門 線形代数」（小寺平治/著），講談社，2008
5) 「新しい Linux の教科書」（三宅英明，大角祐介/著），SB クリエイティブ，2015
6) 「Python によるデータ分析入門 NumPy pandas を使ったデータ処理」（Wes McKinney/著，小林儀匡, 他/訳），オライリージャパン，2013
7) 「実践 機械学習システム」（Willi Richert, Luis Pedro Coelho/著，斎藤康毅/訳），オライリージャパン，2014
8) 「IPython データサイエンスクックブック 対話型コンピューティングと可視化のためのレシピ集」（Cyrille Rossant/著，菊池 彰/訳），オライリージャパン，2015
9) 「Python 機械学習プログラミング 達人データサイエンティストによる理論と実践」（Sebastian Raschka/著，株式会社クイープ/訳，福島真太朗/監訳），インプレス，2016

索引

欧文

A〜H

AIC ……………………………… 116, 186
ANOVA ………………………………… 181
barplot () ……………………………… 26
BIC …………………………………… 186
ceiling () ……………………………… 46
CentOS ………………………………… 204
cor.test () …………………………… 111
cor () ………………………………… 116
dist () ………………………………… 38
EBM …………………………………… 10
Excel ………………………………… 205
fisher.test () ………………………… 106
floor () ………………………………… 46
F 検定 ……………………………… 93
F 分布 …………………………… 43, 77
glm () ………………………………… 120
GNU Octave ………………………… 206
hclust () …………………………… 38, 140
hist () ………………………………… 28

J〜N

Julia ………………………………… 206
k-means 法 ……………… 144, 147, 148
k-平均法 ………………… 144, 147
kmeans () ………………………… 150
ks.test () ……………………………… 92
lda () ………………………………… 136
LibreOffice ………………………… 205
Linux Mint ………………………… 204
Linux ディストリビューション
……………………………………… 204
lm () ………………………… 108, 117
Lubuntu ……………………………… 204
Mathematica ………………………… 206
MATLAB ……………………………… 206
MCMC ……………………………… 170, 184
naiveBayes () ……………………… 158
n 階微分方程式 …………………… 197

P・R

pairs () ……………………………… 116
pie () ………………………………… 33
plot () ……………………………… 108
prcomp () …………………………… 132
predict () …………………………… 136
Python ……………………………… 206
R …………………………………… 205
randomForest () ………… 160, 161
RHEL ………………………………… 204
RStudio ……………………………… 206
runif () ……………………………… 61

S〜U

SAS ………………………………… 206
SLES ……………………………… 204
SOM ……………………………… 152
som () ……………………………… 153
SPSS ……………………………… 206
summary () ……………… 108, 132
svm () ……………………………… 155
t.test () ……………………………… 93
table () ……………………………… 137
t 検定 ……………………………… 93
t 分布 ……………………………… 43
Ubuntu ……………………………… 204
Ubuntu Linux ……………………… 204
Ubuntu MATE ……………………… 204

V〜X

var.test () …………………………… 93
Virtualbox ………………………… 204
VMware Player …………………… 204
wilcox.test () ……………………… 103
Xubuntu …………………………… 204

和文

あ

赤池情報量基準 …………………… 116
アプリオリ・アルゴリズム …… 144
一次モーメント …………………… 198
一様乱数 …………………………… 46
因子分析 …………………………… 129
ウェルチの t 検定 ………………… 89
ウォード法 ………………………… 140
円グラフ …………………………… 33

か

カーネル関数 ………………… 146, 155
回帰分析 …………………………… 181
階級 ………………………………… 28
階層的クラスター分析
……………………………… 38, 144, 147
カイ二乗検定 …………………… 70, 104

カイ二乗統計量 …………… 70	クラスタリング ………… 147	質的データ ………………… 15
カイ二乗分布 ………… 43, 70	群間変動 …………………… 99	尺度母数 …………………… 65
確率 ……………………… 179	群内変動 …………………… 99	ジャックナイフ ………… 167
確率過程 ………………… 187	群平均 ……………………… 99	重回帰分析 ……………… 129
確率関数 …………… 44, 179	群平均法 ………………… 139	重心法 …………………… 140
確率質量関数 ……… 44, 45	計数過程 ………………… 187	収束 ……………………… 190
確率分布 …………… 42, 179	決定木 …………………… 147	従属変数 ………… 35, 107, 189
確率変数 ………………… 42	決定係数 ………………… 118	自由度調整済決定係数 …… 118
確率論 ………………… 10, 11	検出力 ……………………… 94	周辺確率 ………………… 180
片側極限 ………………… 190	検定 ………………………… 10	樹状図 ……………………… 38
カプラン−マイヤー曲線 … 124, 125	ケンドールの順位相関係数 … 112	主成分分析 ………… 128, 129
刈り込み平均 ……………… 21	交互作用 ………………… 115	出生死亡過程 …………… 188
間隔尺度データ …………… 16	コサイン類似度 ………… 139	順序尺度データ …………… 16
頑健性 ……………………… 22	誤差逆伝播法 ……… 144, 145	順列 ……………………… 176
観測度数 ………………… 104	コックス（Cox）比例ハザード	条件付き確率 …………… 183
ガンマ分布 …………… 43, 73	回帰分析 ……………… 122	条件付き分布 …………… 170
幾何分布 …………… 42, 56	固有値 …………………… 202	常微分方程式 …………… 197
幾何平均 …………………… 21	固有値λ ………………… 203	情報量規準 ……………… 186
棄却域 ……………………… 88	固有ベクトル ……… 202, 203	深層学習 ………………… 146
棄却限界値 ………………… 91	コロモゴロフ・スミノフ検定 … 92	振動 ……………………… 190
記述統計学 ………………… 13		信頼区間 …………………… 89
期待値 …………………… 179	**さ**	推測統計学 ………………… 13
期待度数 ………………… 104		数理モデリング …………… 11
期待頻度 ………………… 104	最遠隣法 ………………… 139	数量化分析Ⅰ〜Ⅳ類 ……… 129
ギブスサンプリング …… 170	最近隣法 ………………… 139	ステューデントの t 検定
ギブス法 ………………… 184	最小値 ………………… 25, 45	……………… 67, 89, 181
帰無仮説 …………………… 88	最小二乗法 ……………… 196	スピアマンの順位相関係数ロー（ρ）
逆行列 …………………… 201	最大値 ………………… 25, 45	……………………… 112
強化学習 ………………… 144	最頻値 ……………………… 22	正規性の検定 ……………… 92
教師あり学習 …………… 144	最尤推定法 ……………… 185	正規分布 …………… 43, 63
教師なし学習 …………… 144	最尤推定量 ……………… 185	正準相関分析 …………… 129
行ベクトル ……………… 202	サポートベクトルマシン … 146, 155	正方行列 ………………… 201
行列 ………………… 200, 202	三次モーメント ………… 198	積分 ……………………… 193
行列式 ……………… 201, 202	算術平均 …………………… 20	積分定数 ………………… 193
極限 ……………………… 190	散布図 ……………………… 35	積率 ……………………… 198
極限値 …………………… 190	事後確率 ………………… 183	説明変数 ………………… 35, 107
クォータイル ……………… 25	自己組織化マップ ……… 152	線形代数 …………………… 11
組合わせ ………………… 176	指数分布 …………… 43, 73	線形判別分析 ………… 134, 146
クラスター分析 …… 128, 129, 139	事前確率 ………………… 183	全数調査 …………………… 13
	実測値 ……………………… 42	

索引

尖度	199
全微分	196
全平均	99
全変動	99
相加平均	20
相関係数	110
相関ルール学習	144
相乗平均	21
相対頻度	104

た

第一種の過誤	97
対角行列	201
大数の強法則	83
大数の弱法則	83
大数の法則	81
第二種の過誤	97
代表値	20
対立仮説	88
多項分布	42, 59
多次元尺度構成法	129, 130
多重共線性	115
多重比較検定	97
多層パーセプトロン	145
畳み込みニューラルネットワーク	146
多変量解析	128
単位行列	201
単回帰分析	107
単純パーセプトロン	144
単純ベイズ確率モデル	158
単純ベイズ分類器	147, 158
中央値	22
中心極限定理	63, 84
調整平均	21
調和平均	21
強い独立性の仮定	158
提案分布	170
ディープラーニング	146
定常分布	170
定性的データ	15
定積分	193
定量的データ	15
データマイニング	12
適合度の検定	104
テューキー法	98
転置行列	202
デンドログラム	38
導関数	192
統計学	10
統計モデルのあてはまり	185
統計量	13
同時確率分布	180
等分散	91
等分散性の検定	93, 96
独立変数	35, 189
度数	28
度数分布図	28
トリム平均	21

な

ナイーブベイズ分類器	158
並べ替え検定	169
二項過程	187
二項識別	155
二項定理	177
二項展開	177
二項分布	42, 47
二次モーメント	198
ニューラルネットワーク	144, 145, 152
ノンパラメトリック検定	181

は

パーセンタイル	25
パイチャート	33
箱ヒゲ図	30
ハザード（ハザード関数）	122
ハザード比	122
パスカルの三角形	177
はずれ値	89
バックプロパゲーション	144, 145
発散	190
ばらつき	23
パラメトリック検定	181
反復測定分散分析	98
判別関数	146
判別分析	128, 129, 134, 146
ピアソンの積率相関係数（r）	110
ピアソンの相関係数	139
ヒートマップ	40
非階層的クラスター分析	147
ヒストグラム	28
左側極限	190
非復元抽出	176
微分	191
微分係数	191
微分積分	11
標準偏差	24
標本調査	13
標本分散	24
比率尺度データ	16
フィッシャーの正確確率検定	105
ブートストラップ	167
復元抽出	177
不定積分	193
負の二項分布	42, 53
不偏推定量	24
不偏分散	24
ブラウン運動	188
分散	23, 179, 198
分散分析	98, 181
分布関数	42, 43
平均	198
ベイズ推定（ベイズ統計）	187
ベイズ統計	170
ベイズの定理	158, 183

ベータ分布 ………… 43, 75	無相関検定 …………… 111	ランダムウォーク ……… 170, 188
ベルヌーイ試行 ………… 47	名義尺度データ ………… 15	ランダムフォレスト …… 147, 160
ベルヌーイ分布 ……… 42, 55	メディアン ……………… 22	離散一様分布 …………… 42
偏回帰係数 ……………… 115	メディアン法 …………… 140	離散型確率分布 ………… 42
偏導関数 ………………… 195	メトロポリス・ヘイスティング アルゴリズム ………… 170	離散型確率変数 ………… 179
偏微分 …………………… 195		離散型データ …………… 16
偏微分係数 ……………… 195	メトロポリス・ヘイスティング法 …………………… 184	離散型分布 ……………… 42
偏微分方程式 …………… 197		量的データ ……………… 15
ポアソン分布 …… 42, 50, 65	メトロポリスアルゴリズム …… 170	累積分布関数 ………… 43, 45
棒グラフ ………………… 26	メトロポリス法 ………… 184	列ベクトル ……………… 202
母集団 …………………… 13	モード …………………… 22	連続一様分布 …………… 43
母分散 …………………… 24	モーメント ……………… 198	連続型一様分布 ………… 61
ポワソン過程 …………… 188	目的変数 ………………… 35	連続型確率分布 ………… 42
ボンフェローニ法 ……… 98	目標分布 ………………… 170	連続型確率変数 ………… 180
	モンテカルロ積分 ……… 166	連続型データ …………… 16
■ ま ■	モンテカルロ法 ………… 164	連続型分布 ……………… 42
		連立n階微分方程式 …… 197
マハラノビス距離 …… 134, 139	■ や〜わ ■	ロジスティック回帰 …… 144
マルコフ過程 …………… 188		ロジスティック回帰分析 ‥ 119, 129
マルコフ連鎖 …………… 188	有意差検定 ……………… 88	ロジスティック式 ……… 79
マルコフ連鎖モンテカルロ法 …………………… 170, 184	有意水準 ……………… 88, 91	ロジスティック分布 …… 79
	ユークリッド距離 ……… 139	ロジット変換 …………… 119
マン・ホイットニーのU検定 …………………… 103	尤度 ……………………… 183	歪度 ……………………… 198
	要因分散分析 …………… 98	
右側極限 ………………… 190	四次モーメント ………… 199	

索引

◆ **著者プロフィール** ◆

石井一夫（いしい かずお）

東京農工大学特任教授．専門分野：計算機統計学，データマイニング，機械学習，人工知能，バイオインフォマティクス，ゲノム科学．2015年度情報処理学会優秀教育賞受賞．日本技術士会フェロー，APECエンジニア，IPEA国際エンジニア，博士（医学）．趣味：散歩（特に街歩き，美術館・図書館巡り），読書（プログラミング言語と数学）．最近の著書：「あたらしい人工知能の教科書 プロダクト/サービス開発に必要な基礎知識」（多田智史/著，石井一夫/監，翔泳社，2016年12月．「科学技術計算のためのPython 確率・統計・機械学習」（Jose Unpingco/著，石井一夫，他/訳），エヌ・ティー・エス，2016年12月．

※所属は執筆時のもの

Rとグラフで実感する生命科学のための統計入門

2017年3月25日　第1刷発行
2021年3月25日　第2刷発行

著　者	石井一夫	
発行人	一戸裕子	
発行所	株式会社 羊 土 社	
	〒101-0052	
	東京都千代田区神田小川町2-5-1	
	TEL　03（5282）1211	
	FAX　03（5282）1212	
	E-mail　eigyo@yodosha.co.jp	
	URL　www.yodosha.co.jp/	
印刷所	三報社印刷株式会社	

© YODOSHA CO., LTD. 2017
Printed in Japan

ISBN978-4-7581-2079-1

本書に掲載する著作物の複製権，上映権，譲渡権，公衆送信権（送信可能化権を含む）は（株）羊土社が保有します．
本書を無断で複製する行為（コピー，スキャン，デジタルデータ化など）は，著作権法上での限られた例外（「私的使用のための複製」など）を除き禁じられています．研究活動，診療を含み業務上使用する目的で上記の行為を行うことは大学，病院，企業などにおける内部的な利用であっても，私的使用には該当せず，違法です．また私的使用のためであっても，代行業者等の第三者に依頼して上記の行為を行うことは違法となります．

JCOPY ＜（社）出版者著作権管理機構 委託出版物＞
本書の無断複写は著作権法上での例外を除き禁じられています．複写される場合は，そのつど事前に，（社）出版者著作権管理機構（TEL 03-5244-5088, FAX 03-5244-5089, e-mail：info@jcopy.or.jp）の許諾を得てください．

乱丁，落丁，印刷の不具合はお取り替えいたします．小社までご連絡ください．

羊土社のオススメ書籍

Rをはじめよう 生命科学のための RStudio入門

富永大介／翻訳
Andrew P. Beckerman,
Dylan Z. Childs,
Owen L. Petchey／原著

リンゴ収量やウシ生育状況，カサガイ産卵数…イメージしやすい8つのモデルデータを元に手を動かし，堅実な作業手順を身に着けよう．行儀の悪いデータの整形からsummaryの見方まで，手取り足取り教えます

- 定価（本体3,600円＋税）　■ B5判
- 254頁　■ ISBN 978-4-7581-2095-1

カエル教える 生物統計コンサルテーション
その疑問、専門家と一緒に考えてみよう

毛呂山　学／著

「p値が0.05より大きい」「サンプルが少ない」「外れ値がある」等、統計解析に関するその悩み、専門家に相談してみませんか？11の相談事例を通じて、数式を学ぶより大切な統計学的な考え方が身につきます。

- 定価（本体2,500円＋税）　■ A5判
- 196頁　■ ISBN 978-4-7581-2093-7

実験医学別冊　NGSアプリケーション RNA-Seq 実験ハンドブック
発現解析からncRNA、シングルセルまであらゆる局面を網羅！

鈴木　穣／編

次世代シークエンサーの最注目手法に特化し，研究の戦略，プロトコール，落とし穴を解説した待望の実験書が登場！発現量はもちろん，翻訳解析など発展的手法，各分野の応用例まで，広く深く紹介します．

- 定価（本体7,900円＋税）　■ A4変型判
- 282頁　■ ISBN 978-4-7581-0194-3

ネイティブが教える 英語論文・グラント獲得・アウトリーチ 成功の戦略と文章術

Yellowlees Douglas, Maria B. Grant／著, 布施雄士／翻訳

英作文のプロと研究のプロが、心理学と神経科学に基づいて、成功の可能性を高める書き方を伝授．プライミング効果，初頭効果，新近効果，フレーミング効果などを駆使した，読み手の心をつかむメソッドが身につく！

- 定価（本体3,600円＋税）　■ A5判
- 309頁　■ ISBN 978-4-7581-0851-5

発行　羊土社 YODOSHA
〒101-0052　東京都千代田区神田小川町2-5-1　TEL 03(5282)1211　FAX 03(5282)1212
E-mail：eigyo@yodosha.co.jp
URL：www.yodosha.co.jp/

ご注文は最寄りの書店，または小社営業部まで

羊土社のオススメ書籍

実験で使うとこだけ 生物統計 改訂版
池田郁男／著

① キホンのキ

実験における母集団と標本を「研究者」として理解していますか？ 検定前の心構えから平均値±SD, ±SEの使い分けまで統計の基礎知識を厳選！ 検定法の理解に必須な基本を研究者として捉え直しましょう.

- 定価（本体2,200円＋税）
- A5判　110頁
- ISBN 978-4-7581-2076-0

② キホンのホン

いわれるがまま検定法を選んでいませんか？ t検定など2群の比較から多重比較, 分散分析まで多くの研究者がおさえておきたい検定法を厳選. 細かい計算ではなく統計の本質をつかみ正しい検定を自分で選びましょう！

- 定価（本体2,700円＋税）
- A5判　173頁
- ISBN 978-4-7581-2077-7

ぜんぶ絵で見る 医療統計
身につく！研究手法と分析力

比江島欣慎／著

まるで「図鑑」な楽しい紙面と「理解」優先の端的な説明で, 医学・看護研究に必要な統計思考が"見る見る"わかる. 臨床研究はガチャを回すがごとし…？！ 統計嫌い克服はガチャのイラストが目印の本書におまかせ！

- 定価（本体2,600円＋税）
- A5判
- 178頁
- ISBN 978-4-7581-1807-1

みなか先生といっしょに 統計学の王国を歩いてみよう
情報の海と推論の山を越える翼をアナタに！

三中信宏／著

分散分析や帰無仮説という用語が登場するのは終盤ですが, そこに至る歩みで, イメージがわかない, 数学的な意味..など統計ユーザーが陥りやすい疑問を解消します.「実験系パラメトリック統計学の捉え方」を体感して下さい.

- 定価（本体2,300円＋税）
- A5判
- 191頁
- ISBN 978-4-7581-2058-6

発行　羊土社 YODOSHA
〒101-0052　東京都千代田区神田小川町2-5-1　TEL 03(5282)1211　FAX 03(5282)1212
E-mail: eigyo@yodosha.co.jp
URL: www.yodosha.co.jp

ご注文は最寄りの書店, または小社営業部まで

羊土社のオススメ書籍

演習で学ぶ生命科学 第2版
物理・化学・数理からみる生命科学入門

東京大学生命科学教科書編集委員会／編

東大発，物理受験・化学受験といった高校生物非選択の学生に，解きながらシミュレーションしながら，生命科学を概説．生化学からシステム生物学まで，これからの「生命とは」を考える"感覚"を養える画期的入門書．

- 定価（本体3,200円＋税）　■ B5判
- 199頁　■ ISBN 978-4-7581-2075-3

バイオ実験に絶対使える 統計の基本Q&A
論文が書ける 読める データが見える！

秋山　徹／監，
井元清哉，河府和義，
藤渕　航／編

統計を「ツール」として使いこなすための待望の解説書！研究者の悩み・疑問の声を元に，現場で必要な基本知識を厳選してQ&A形式で解説！豊富なケーススタディーでデータ処理の考え方とプロセスがわかります．

- 定価（本体4,200円＋税）　■ B5判
- 254頁　■ ISBN 978-4-7581-2034-0

研究留学のすゝめ！
渡航前の準備から留学後のキャリアまで

UJA（海外日本人研究者ネットワーク）／編，
カガクシャ・ネット／編集協力

留学にはギモンがいっぱい！留学先選び，グラント獲得，留学後の進路…これらを乗り越えた経験者がノウハウを伝授し，ベストな留学へと導きます．本書を持って世界に飛び立ち，研究者として大きく羽ばたこう！

- 定価（本体3,500円＋税）　■ A5判
- 302頁　■ ISBN 978-4-7581-2074-6

実験医学別冊
マウス表現型解析スタンダード
系統の選択、飼育環境、臓器・疾患別解析のフローチャートと実験例

伊川正人，高橋　智，
若菜茂晴／編

ゲノム編集が普及し誰もが手軽につくれるようになった遺伝子改変マウス．迅速な表現型解析が勝負を決める時代に，あらゆるケースに対応できる実験解説書が登場！表現型を見逃さないフローチャートもご活用ください！

- 定価（本体6,800円＋税）　■ B5判
- 351頁　■ ISBN 978-4-7581-0198-1

発行　羊土社 YODOSHA
〒101-0052　東京都千代田区神田小川町2-5-1　TEL 03(5282)1211　FAX 03(5282)1212
E-mail : eigyo@yodosha.co.jp
URL : www.yodosha.co.jp/

ご注文は最寄りの書店，または小社営業部まで

実験医学 をご存知ですか!?

実験医学ってどんな雑誌？

ライフサイエンス研究者が知りたい情報をたっぷりと掲載！

「なるほど！こんな研究が進んでいるのか！」「こんな便利な実験法があったんだ」「こうすれば研究がうまく行くんだ」「みんなもこんなことで悩んでいるんだ！」などあなたの研究生活に役立つ有用な情報、面白い記事を毎月掲載しています！ぜひ一度、書店や図書館でお手にとってご覧になってみてください。

最新のゲノム医療のホットトピックスも特集してるよ

今すぐ研究に役立つ情報が満載！

特集 では　ビッグデータ解析など、今一番Hotな研究分野の最新レビューを掲載

連載 では　最新トピックスから実験法、読み物まで毎月多数の記事を掲載

こんな連載があります

News & Hot Paper DIGEST　トピックス
世界中の最新トピックスや注目のニュースをわかりやすく、どこよりも早く紹介いたします。

クローズアップ実験法　マニュアル
ゲノム編集、次世代シークエンス解析、イメージングなど有意義な最新の実験法、新たに改良された方法をいち早く紹介いたします。

ラボレポート　読みもの
海外で活躍されている日本人研究者により、海外ラボの生きた情報をご紹介しています。これから海外に留学しようと考えている研究者は必見です！

その他、話題の人のインタビューや、研究の心を奮い立たせるエピソード、ラボ内のコミュニケーションのコツ、研究現場の声、科研費のニュース、論文作成や共同研究にまつわるエピソードなどさまざまなテーマを扱った連載を掲載しています！

Experimental Medicine
実験医学
生命を科学する 明日の医療を切り拓く

月刊 毎月1日発行　B5判 定価（本体2,000円＋税）
増刊 年8冊発行　B5判 定価（本体5,400円＋税）

詳細はWEBで!! 　実験医学 online　検索

お申し込みは最寄りの書店、または小社営業部まで！

TEL 03 (5282) 1211　MAIL eigyo@yodosha.co.jp
FAX 03 (5282) 1212　WEB www.yodosha.co.jp

発行 羊土社